南方丰水地区中小河流治理技术

张扬　刘立军　韩海骞　申振东　等　著

U0238075

中国水利水电出版社
www.waterpub.com.cn
·北京·

内 容 提 要

浙江省作为南方丰水地区的典型代表，自 2003 年生态省建设以来，组织开展了万里清水河道建设、强塘工程建设、独流入海河流治理、中小河流治理、中小流域综合治理、河湖库塘清（污）淤整治、"五水共治"、劣 V 类水剿灭行动、"河长制"管理等行动，形成了一系列中小河流治理的经验与技术手段。

本书共 6 章，从现状、分类、评价体系、治理技术、管控技术等多个方面对中小河流治理技术进行介绍与说明。其中第 1 章主要介绍了中小河流治理的现有研究成果，第 2 章主要介绍了浙江、上海、广东、江西等南方丰水地区中小河流的治理现状，第 3 章给出了基于幸福河导向的中小河流分类和评价体系，第 4 章主要讲述了河流地貌、生态堤岸、生态堰坝和生态需水及保障四种中小河流治理技术，第 5 章主要讲述了中小河流洪水管理及空间管控技术，第 6 章为主要成果与展望。

全书内容丰富全面，数据翔实，部分资料取材于相关技术简报与报告，尚属首次公开，具有很高的实用价值，可作为相关工程及技术人员的重要参考。

图书在版编目（ＣＩＰ）数据

南方丰水地区中小河流治理技术 / 张扬等著. -- 北
京 : 中国水利水电出版社，2023.3
ISBN 978-7-5226-1428-1

Ⅰ. ①南… Ⅱ. ①张… Ⅲ. ①南方地区－河道整治－
研究 Ⅳ. ①TV882

中国国家版本馆CIP数据核字(2023)第038068号

书　　名	**南方丰水地区中小河流治理技术** NANFANG FENGSHUI DIQU ZHONG - XIAO HELIU ZHILI JISHU
作　　者	张　扬　刘立军　韩海骞　申振东　等 著
出版发行	中国水利水电出版社 （北京市海淀区玉渊潭南路 1 号 D 座　100038） 网址：www. waterpub. com. cn E - mail：sales@ mwr. gov. cn 电话：(010) 68545888（营销中心）
经　　售	北京科水图书销售有限公司 电话：(010) 68545874、63202643 全国各地新华书店和相关出版物销售网点
排　　版	中国水利水电出版社微机排版中心
印　　刷	天津嘉恒印务有限公司
规　　格	170mm×240mm　16 开本　13.75 印张　232 千字
版　　次	2023 年 3 月第 1 版　2023 年 3 月第 1 次印刷
印　　数	001—800 册
定　　价	**68.00 元**

前言

　　江河湖泊是重要的自然资源和生态要素之一，是国土空间和生态系统的重要组成部分。在中国，治水历来是治国安邦的大事。中小河流治理是实现乡村振兴、共同富裕的基础工作，是水生态文明建设的必要组成，是经济社会稳定可持续发展的重要支撑。良好的河流生态环境是最普惠的民生福祉之一。

　　当前，我国社会主要矛盾已经转化为人民日益增长的美好生活需要和不平衡不充分的发展之间的矛盾。随着人民物质生活水平和精神文化需求不断提高，对河流水系的功能需求呈现多样化趋势，河流治理除了要发挥行洪排涝、水资源供给等传统功能，更应统筹考虑水生态、水景观、水文化、水经济、水管理等需求，注重与区域发展相互融合，力促生态优势转变为经济优势，实现生态和经济相互促进、良性循环，"绿水青山"和"金山银山"的和谐统一。

　　中小河流复杂多变，不同河流面临的问题和治理需求均有不同，需因地制宜进行调查与规划，以保证河流得到正确治理。中小河流治理的经验，是广大技术人员在实践中探索出来的宝贵财富，凝聚了他们的智慧、勇气、责任与担当。在本书的编写过程中，编撰者历时多年，尽最大努力收集文献资料，不断修改完善，部分内容取材于相关技术简报与报告，当为首次与读者见面，实属珍贵。全书对中小河流研究和治理现状、评价体系及治理方法等方面进行了全面的叙述，资料丰富，内容翔实，具有很高的实用价值。在本书编写的过程中，得到了浙江省水利厅、浙江省科技厅、浙江省水利河口研究院（浙江省海洋规划设计研究院）、浙江广川工程咨询有限公司等单位的鼎力支持，在此表示衷心的感谢。

浙江省水利河口研究院（浙江省海洋规划设计研究院）、浙江广川工程咨询有限公司作为有关项目研究和本书编著的依托单位，有关技术人员陈一帆、严杰、翁湛、胡淼、周盛佺、孟祥永、陈琦、周丹丹、顾希俊、周加鸿、吕娟、郭丽君、鲍倩、程玉祥、黄凯文、吴文华、范土贵等均以参与研究和编著、提供技术成果的方式为本书的编写作出了贡献。

本书总结了南方丰水地区中小河流综合治理理念和技术的发展，供相关工程及技术人员参考。由于编者认识水平的限制，有关研究的深度与广度均有待进一步拓展与完善，真诚希望相关专家学者、技术人员及广大读者提出批评指正意见，在讨论和研究中进一步推进我国中小河流治理理念和技术水平的发展。

编者

2023 年 1 月

目录
CONTENTS

1

绪论

/1.1 研究背景及定义/

1.1.1 研究背景

江河湖泊是重要的自然资源和生态要素之一，是国土空间和生态系统的重要组成部分。 流域治理是现代农业农村建设的基础工作，是水生态文明建设的必要组成，是经济社会稳定可持续发展的重要支撑。 良好的河流生态环境是最普惠的民生福祉之一。

当前，我国社会主要矛盾已经转化为人民日益增长的美好生活需要和不平衡不充分的发展之间的矛盾。 随着人民物质生活水平和精神文化需求不断提高，对河流水系的功能需求呈现多样化趋势，河道治理除了要发挥行洪排涝、水资源供给等传统功能外，更应统筹考虑水生态、水景观、水文化、水经济、水管理等需求，注重与区域产业相互融合，力促生态优势转变为经济优势，实现生态和经济相互促进、良性循环，"绿水青山"和"金山银山"的和谐统一。

浙江省位于长江三角洲地区，全年降水量充沛，是南方丰水地区的典型代表。 省内中小河流众多，流域面积 $50 \sim 3000 km^2$ 的中小河流共 800 余条，流域内有 1000 余万人口，350 多万亩农田。 中小河流是全省江河系统的基础组成成分，在保障城乡安澜、提供优质水资源和生态环境等方面具有重要作用。

1

为巩固提升"五水共治"成果，保障流域水安全，恢复和维系河流健康，进一步加强区域水利综合保障能力，浙江省水利厅于 2015 年 2 月下发了《浙江省水利厅关于开展中小河流综合治理规划编制工作的通知》（浙水计〔2015〕4 号），推动各地开展了 130 余个中小河流综合治理规划编制工作。通知要求各地在保障水安全的基础上，更加突出河流生态保护，强化干支并举、多措共施，确保治一条成一条、建一片成一片；更加注重水利规划建设与其他相关行业、部门间的协同，巩固提升"五水共治"成效，争取实现一县一条彰显特色和乡情风貌的美丽河流。通过开展中小河流综合治理，力求实现中小河流在水利保障上充分"安全"，在面貌品质上更加"美丽"，在功能效益上更为"综合"，力促实现"绿水青山"和"金山银山"的和谐统一。

2016 年 7 月，浙江省发展和改革委员会、省水利厅联合印发《浙江省水利发展"十三五"规划》（浙发改规划〔2016〕448 号），将按照新时期系统治理的治水新思路，以"安全、生态、美丽、富民"为目标，全面推进以流域（区域）为单元的"百河综治"全省 143 个中小河流综合治理；开展农村河道综合整治，打造生态特色河流，发挥河流防洪、生态、文化、产业、经济等综合功能，五年综合治理河道 10000km。"十三五"期间中小河流综合治理是贯彻落实新时期治水方针、践行"两山"理论的具体行动，是"五水共治"水利建设、推进"两美"浙江、"八八战略"建设的重要内容，是"十三五""大干水利、提速创优"水利工作的重点和亮点。美丽河湖更是纳入 2019 年度、2020 年度省政府十大实事，作为增进百姓福祉的民生工程。

根据近年来在一些流域和地区暴露出来的防洪薄弱环节，水利部决定加快灾后水利薄弱环节建设，于 2017 年 5 月印发《加快灾后水利薄弱环节建设实施方案》（水规计〔2017〕182 号），进一步提升防洪除涝减灾能力，其中中小河流治理是重要建设内容。

2018 年，为推进浙江省大花园建设，省水利厅在"百河综治"基础上提出了"美丽河湖"建设，以"绿水青山就是金山银山"绿色发展理念为导向，以补齐防洪薄弱短板、加强生态保护修复、彰显河流人文历史、提升便民景观品位、提高河流管护水平为主要抓手，统筹谋划河湖系统治理与管理保护，努力打造"水网相通、山水相融、城水相依、人水相亲"的河湖水环境。

2019 年 9 月，习近平总书记在黄河流域生态保护和高质量发展座谈会上发出"建设造福人民的幸福河"的号召，水利部党组提出"努力建设造福人民的幸福河湖，以优异成绩庆祝建党 100 周年"的河湖管理工作要求。浙江迭代美丽河湖建设，创建全域幸福河湖，促进共同富裕示范区试点省高质量建设，积极探索富有浙江特色的中小河流幸福河湖建设路径，为全国推进中小河流幸福河湖建设提供浙江样板。

当前，中国特色社会主义进入了新时代。站在"全面建成小康社会、加快建设社会主义现代化"的关键节点上，浙江省正全面聚焦聚力水利现代化中心工作，把美丽河湖建设作为"大花园"建设的自觉行动，坚持以满足人民日益增长的美好生活需要为导向，深刻认识美丽河湖建设在实施乡村振兴战略、推进人居环境提升行动中的突出作用，高水平高质量推进美丽河湖建设，为新时代美丽浙江建设提供坚实的河湖基础支撑和生态环境保障。

为指导中小河流综合治理实践，浙江省水利河口研究院申请浙江省科技厅科研专项并完成了"中小流域综合治理技术研究"，在总结国内外河流分类和治理目标体系、河流地貌整治、生态堤岸、生态堰坝、洪水控制与管理技术、流域治理的非工程措施等研究成果和各类工程措施和技术的适用性及局限性的基础上，提出了基于分类和需求的中小河流幸福指数目标体系，研究了"安全＋经济＋生态"的中小河流治理技术体系和方法。该项目验收后，研究团队拓展了研究范围，以南方丰水地区为对象，主要针对浙江省的中小河流开展了进一步补充研究，并以此为基础编写了《南方丰水地区中小河流治理技术》。

1.1.2 术语及定义

1. 南方

南方地区也称南方，一般指中国东部季风区的南部，是当今中国四大地理区划之一，主要是秦岭-淮河一线以南的地区，西面为青藏高原，东面和南面分别濒临黄海、东海和南海，大陆海岸线长度占全国的 2/3 以上。

2. 丰水地区

年降水量直接决定着区域气候的湿润程度和生态系统的主要特征。我国多以湿润度表征气候的湿润程度，湿润度是地面收入水分（降水）与其支出水分（蒸发、径流）之比。湿润度大于 1 为湿润气候，0.66～1 为半湿润气候。也有人将年降水量 400～800mm 定为半湿润气候，800～1600mm 定为湿润气候，大于 1600mm 定为潮湿气候。

我国水资源分布状况是南多北少，东多西少。根据全国各地多年平均年降水量、年径流深和径流系数，可以概括地划分为丰水带（武夷山脉、海南岛等区域）、多水带（长江中下游平原、横断山区等区域）、过渡带（辽东半岛、华北平原等区域）、少水带（青藏高原北部、东北平原西部等区域）、缺水带（塔里木盆地、内蒙古高原西部等区域）。

其中丰水带多年平均年降水量大于 1600mm、年径流深超过 800mm；多水带多年平均年降水量 800～1600mm，年径流深 200～900mm；过渡带多年平均年降水量 400～800mm，多水带与过渡带的分界线大致为秦岭-淮河一线。秦岭-淮河一线同时也是我国湿润区半湿润区分界线、南方地区与北方地区分界线、亚热带季风与温带季风分界线、冬季河流有无结冰期分界线、亚热带常绿阔叶林与温带落叶阔叶林分界线、水田与旱地分界线。

笔者将丰水带和多水带统称为丰水地区，大致包括秦岭-淮河以南、青藏高原以东的区域，多年平均年降水量在 800mm 以上，亦大致与我国南方的湿润气候区和潮湿气候区重叠。行政区划包括江苏、安徽、浙江、上海、湖北、湖南、江西、福建、云南、贵州、四川、重庆、广西、广东、香港、澳门、海南、台湾等。

3. 中小河流

根据水利部 2011 年《中小河流整治工程初步设计指导意见》的有关规定，中小河流是指流域面积在 200～3000km² 之间的河流。浙江省地形复杂，水系零碎，结合实际情况，本书中小河流是指流域面积在 50～3000km² 之间的河流。

1.2 国内外研究进展

河流在人类的生活环境中起着重要的作用。一方面，河流是维持全球物质循环与水分循环的重要载体；另一方面，河道是排泄洪水、提供用水、野生动植物生存栖息的场所。随着人口的快速增加，人类活动范围的扩展，人类对河流的需求也在不断提高，同时人类对河流的干扰也日益严重。当需求和干扰超过一定程度时，河流的生态系统在结构、功能过程等方面将受到损伤。当损伤较小时，河流通过自我恢复能力能够逐步恢复如初，但当损伤较大且持续增加，超过河流承受能力时，河流生态系统的稳定状态就会被打破，系统失去平衡，向不可逆的方向转变。因此河流需要人们保护性地开发利用，以保证河流生态系统的健康、稳定。

河道的地貌、水文、生态、社会经济环境对河道的发展趋势有着重要的决定作用，本书从中小河流分类研究、中小河流治理技术研究和中小河流空间管控研究三大方面对国内外的研究进展进行梳理。

1.2.1 中小河流分类研究

1.2.1.1 河床地质地貌分类研究

1. 床质组成分类

由于河床质组成的不同，河流所呈现出的水力学特征与泥沙运动特征有着较大的差异，对于河型分类方面的研究针对不同的河床质粒径范围来展开[1]，将砂质河流、砾质河流与平原沙质河流加以区分，并分析研究其演变特性及其类型[2]。

砂质河床与砾石河床在物理力学性质上表现出很大的差异，服从不同的规律，著名的 Hjnlsiom 曲线和 Shields 曲线[3]都清楚地表明了这种差异。砾石河床由非黏性粗颗粒构成，故床沙的临界起动切力与床沙粒径成正比。砂质河床的情形则较复杂，在重力占优势的范围内，床沙的临界切力与粒径成正比；当粒径减小到一定程度时，使黏性力占优势，则床沙的临界切力与粒径成反比。这种差异，使得砂质河床与砾石河床的发育演变特性有很大的不同，河型特征也有很大差异[4]。

许炯心[5]收集了世界上不同地区床沙中径变化于 $0.06\sim229\mathrm{mm}$ 之间、平滩流量变化于 $2\sim56000\mathrm{m^3/s}$ 之间的河流资料，以 $d_{50}=2\mathrm{mm}$ 作为砂质河流与砾石河流的分界线，即 $d_{50}>2\mathrm{mm}$ 者为砾石河流，$d_{50}<2\mathrm{mm}$ 者为砂质河流。

2. 断面形态分类

（1）山区河流。山区河流的河床断面形态一般都呈 V 形或 U 形，偶尔会出现 W 形。V 形河谷一般比较年轻，在河谷里还没有形成河漫滩。而 U 形河谷的形成可以看作是发育比较成熟的标志，河槽比较开阔，存在基岩和卵石形成的石盘和边滩。W 形河谷通常是一侧出现了侵蚀或者淤积，该类河流断面形态表征着河流演变的发生[6]。

山区河流位于地壳抬升地区，河床总体的演变趋势以下切为主，因此河谷横断面一般呈 V 形或 U 形。除局部河段外，大多数河床的形变幅度很小，变形速度很慢。山区河流河漫滩一般不发育，两岸往往存在明显的阶地，支流汇入处有一级或多级冲积扇。河流总体走向比较平直，弯曲系数一般小于 1.3。河床纵剖面一般比较陡峭，形态极不规则，浅滩深潭上下交错，常出现台阶形地貌[7]。

（2）平原河流。平原河流流经地势平坦、土质疏松的平原地区，形成过程主要表现为水流的堆积作用，平原上淤积成广阔的冲积扇，河口淤积成庞大的三角洲。冲积层往往深达数十米甚至数百米以上，最深处多为卵石层，其上为夹沙卵石层，再上为粗沙、中沙以至细沙，枯水位以上的河漫滩表层部分有黏土和黏壤土存在。平原河流横断面可概括为抛物线形、不对称三角形、马鞍形和多汊形等四类[8]。

3. 河床地貌结构分类

（1）山区河流。关于河床(床面)结构，许多学者通过野外调查和试验对床面微形态(微结构、石簇结构)的形成过程、形态特点等展开了相关研究[9-11]。

早在 1976 年，Laronne et al. 的研究就指出，砾卵石河道各种床面条件(微地貌形态、结构联系和排列方式)之间相互关联，且床沙的起动和推移质输沙强烈程度受到床面结构变化的影响[12]。Ergenzinger[13]研究了石簇结构发育过程中的影响因素，石簇结构形态由水流作用下分选的一定形状和尺寸相似的颗粒排列堆积而成。该研究发现，在石簇结构的发育过程中河床坡度和弯度有十分重要的影响，因为这两个因素直接影响水流的方向。Biggs et al.[14]调查了新西兰一些河流上游源头区域的床面石簇微形态(microform bed clusters，MBC)，关注了这种河床结构的发育机理和作用。他们发现 MBC 密度和面积比例与床面相对粗化程度密切相关，但与水流强度变化没有明显关系。调查发现，组成石簇结构的石块个数与河床坡度密切相关。MBC 密度和结构形态可能更倾向于受到相对粗化度和河床坡度的限制，河床坡度越大，形成石簇结构的石块个数越多。床面石簇微形态(MBC)在洪水过程中能非常有效地抵抗水流扰动。生物调查还显示，这些石簇结构在大坡度上游河流为底栖生物提供了躲避激流的场所，因而作用非常重要。Buffington et al.[15]研究了砾石河流水力粗糙系数对床面结构的影响。他们对美国华盛顿西北和阿拉斯加东南地区森林砾石河流的野外调查显示，床面颗粒尺寸与河岸不规则程度、沙洲（滩）和树木等形成的水力粗糙程度相关。

与平原河流相比，山区河流受到的水流侵蚀作用更为普遍与强烈，因此发育的河床结构更为明显，规模更大，增加河床稳定性的效果也更显著。从外观形态上看，河床结构至少有以下几种[16]：阶梯-深潭结构、肋状结构、簇状结构（图 1.2-1～图 1.2-3）。

1）阶梯-深潭结构（step-pool system）。阶梯-深潭结构是指石块沿横向聚集堆叠成条状将上游壅高形成阶梯，阶梯下方因跌水冲蚀形成深潭。

阶梯-深潭结构按其成因和规模分成两类：一类是山区下切河流两岸陡坡发生大型滑坡、泥石流或其他地质作用将河道堵塞，其上游壅水成湖泊，下面形成跌水或瀑布。这种阶梯-深潭结构规模巨大，阶梯高度和深潭的深度一般在几米到几十米。这种阶梯-深潭结构的形状和分布频率不规则，而且达到稳定需要经历很长时间，通常需要上百年甚至更长。

另一类是更为常见的山区小河中的阶梯-深潭结构。这种阶梯-深潭结构比较规则，规模也较小，阶梯高度和深潭深度一般都在几十厘米到几米。粗大卵石和石块叠在一起形成阶梯段，水流通过阶梯段时多为激流，阶梯下游形成深潭段。深潭段水深流缓，细颗粒泥沙（包括黏土淤泥）在此沉积。

图 1.2-1　阶梯-深潭结构

2）肋状结构（ribbing structure）。 肋状结构与阶梯-深潭结构类似，但石块聚集体未扩展到整个横断面，而是存在于某一岸边，形成肋骨状的排列。

图 1.2-2　肋状结构

3）簇状结构（stone clusters）。 簇状结构是最常见的结构之一，若干石块堆积起来，互相倚靠，抵御水流侵蚀。 每堆石体称为一个"石簇"。 此外，还有星型结构、岸石结构等。

图 1.2-3　簇状结构

（2）平原河流。 平原河流的河床从来不会是平整的，而是分布有各种不同大小、不同外形的泥沙聚集体，称为成型淤积体。 按照成型淤积体相对河槽尺寸的大小，又可以区分为小型和大型成型淤积体。

小型成型淤积体包括沙纹、沙丘和沙浪三种基本类型。 沙丘和沙浪的尺寸只与当地的水深有关，与整个水流边界的大小无关，它们的存在产生了形状阻力，是平原河流阻力的一个重要组成单元，也是决定水流挟沙力的一个重要环节。 由于小型成型淤积体的尺寸较小，它们的发展消长对整个河槽的变化来说影响不是很大。 与河床演变关系更为直接的是大型成型淤积体，称为"沙洲"(sand bar),沙洲是河床变形和河槽调整的产物,它们的变化直接影响河槽形态和水流条件(包括主流流路和横向流速分布等)。沙洲尺寸与主槽尺寸是同一数量级的。根据沙洲的外形和平面位置,沙洲可以区分为五种基本类型(图1.2-4)。

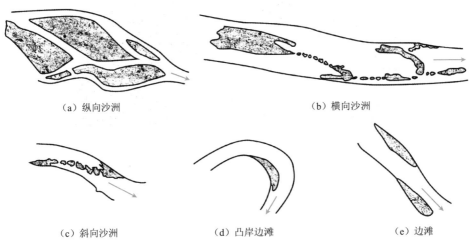

（a）纵向沙洲   （b）横向沙洲

（c）斜向沙洲   （d）凸岸边滩   （e）边滩

图1.2-4　沙洲的基本类型

1）纵向沙洲。与水流方向平行,两侧临水,呈钻石形或菱形,下游面和缓地与床面相接,很少见有滑落斜坡的。卵石河流中这种沙洲较为多见。

2）横向沙洲。沙洲主要部位与水流方向相垂直,呈菱形、叶形或波浪形,又称舌状沙洲,逆水面上常覆盖有沙纹或沙丘,下游有明显的滑落面。横向沙洲往往成群出现,后面一个沙洲的舌尖深入到前面两个沙洲的舌根之间,呈异相排列。

横向沙洲在砂质河流上较为多见,多出现在:①河流展宽、水流分散处;②水深突然增加处;③两股势均力敌的水流相汇处。洲宽小的不过几米,大的可达150m,长度有达到300m的。沙洲面高在几厘米至2m范围内变化,一般为0.5～1.0m。

3）斜向沙洲。长轴与水流方向斜交,很多斜向沙洲也就是深槽-浅滩地貌中的浅滩。

4）凸岸边滩。水流转弯处凸岸形成的边滩,临水面坡度十分平缓。

5）边滩。一般表现为直道上出现的犬牙交错的边滩,但也有孤立的边滩，如塔那河上，鲁斯特杰马和罗德勃盖特间的边滩长达 6km（图 1.2-5）。

图 1.2-5 塔那河边滩

1.2.1.2 河流分类研究

目前主要从地貌、水文、生态、化学、功能几个方面展开河流分类研究。

1. 基于地貌学的分类

最早的河流分类出现在河流地貌学领域。Leopold et al.[17] 按照平面形态将河流划分为顺直型、弯曲型和网状型三种类型，分类简单，有一定的概括性。Rust[18] 应用河道分汊指数和弯曲度将上述三种河型补充成为顺直型、弯曲型、网状型和辫状型四种类型。Drury[19] 根据直接观察现代河流体系，把河流划分为曲流河、辫状河、顺直河、三角洲分流河、分汊河、网状河和不规则河等八种。Brice[20] 根据航测照片最常见的河道平面形态将河流分为弯曲渠化型、弯曲边滩型、微弯分汊型和顺直分汊型四种类型。钱宁[21] 通过对长江中下游分汊型河道和黄河下游游荡型河道的研究，将河流分为顺直型、弯曲型、分汊型和游荡型四种类型，在中国水利学界和地貌学界受到广泛的重视。

随着河流地貌学的重点转向研究沉积侵蚀、搬运与堆积过程，河流的分类也开始结合动力过程。Schumm[22] 基于大尺度系统的沉积物搬运过程，提出了沉积物源区、搬运区和堆积区的三区分类模型，并于 1981 年提出将河流按来沙组成分为床沙质型、混合型及冲泻质型三大类，然后又按河谷比降、河流功率及来沙量分成 14 亚类。Schumm et al.[23] 和 Simonaa[24] 的河渠演化模型提出了上游至下游纵向分布的五种类型，而这些类型又是河渠演变过程中不同时段的类型。源头起点处于干扰前状态，随着水能增加及河道的堆积、拓宽,在下游某处达到新的平衡,河渠演化模型在美国得到了广泛的认可。 Davis[25]利用侵蚀旋回发育阶段的不同将河流分为青年期、中年期和老年期等河型,把河流的类型与流域地貌演化紧密联系在一起,从一定程度上揭示了河流与古地形的内在联系。 Woolfe[26]提出一个新的根据河流沉积速率分类的方案,将河型分为八类,主要考虑了河道和河道间地或河漫滩沉积物堆积的相对速率,涵盖了包括山地河流、平原河流、三角洲分流河流以及水下河道等冲积体系。 Glloway[27]在考虑底负载的同时还考虑了悬浮负载,他将河流进一步分为:①底床负载河流,河道充填沉积物中,底负载大于11%,黏土、粉砂含量小于5%;②混合负载河流,底负载占总负载的3%～11%。 黏土、粉砂含量占5%～20%;③悬浮负载河流,底负载小于3%,黏土、粉砂含量大于20%。 Montgomery et al.[28]将山地集水区内的河流按照整体地貌特征划分为了八种河段类型:山坡段、深谷段、塌陷段、瀑布段、阶梯-深潭段、平坦河床段、深槽-浅滩段以及沙波河段,反映了不同类型的河段对沉积物供给和流量变化的响应。 王随继等[29]在充分讨论了基于侵蚀阶段、沉积物搬运方向、河道和间地的相对沉积速率以及河道平面形态等的河流分类方案的不足之处后,把平原河流分为顺直型、弯曲型、分汊型、网状型和辫状型五类,并对网状型和分汊型作了明确定义,指出它们各自所适用的范围,以便于沉积学界、地貌学界和水利学界等能够在统一的河型分类的框架中相互借鉴各自的研究成果。

以上分类均属定性分类模式。 Rosgen[30]通过大量现场观测和统计整理,将描述河川流路的平面特性、河床质特性、纵横断面特性及泥沙运移特性进行定量化处理,提出了较为完善的河川形态分类系统。 首先,以蜿蜒度、蜿蜒宽比和纵向坡度划分了九种一级类型;然后以河床质代表粒径(d_{50})进一步细分,按岩盘、块石、卵石、砾石、砂及粉/黏土等分为六类,共47种二级类型;三级类型和四级类型分别增加现场参数,以评估河道的稳定性,如滨溪植物、泥沙入流量、河道稳定度、河岸冲蚀度等观测因素。 该分类体系的分类标准依据客观的测量数据,目前 Rosgen 分类法已广泛应用于河流开发利用和保护管理中。

基于地貌学的河流分类从早期对结构特征的描述性分类发展到结合地貌动力演变过程的分类,从定性分类到定量分类,从单尺度单一河段分类到多尺度的等级系统分类,逐步深入认识和体现河流系统的复杂特征。

2. 基于水文学的分类

许多水生态学家都认为水文条件是河流及河漫滩湿地的重要驱动因子。

冯利华[31]根据浙江省河川径流年内分配的特点,提出了峰量比的指标,通过计算梅雨期径流总量和台风雨期径流总量的比值,把浙江省的河流分为梅雨型、台风雨型和过渡型三种类型。 Bunn et al.[32]提出了流量节律对水生生物多样性产生影响的四条重要原理:①流量对于河流栖息地具有决定性作用,决定着生物构成;②水生生物的生活史策略主要用来应对流量变化规律;③维持纵向和横向的连通性对于河流物种的种群生存力具有关键的作用;④河流中外来物种的入侵和演替也是由于流量节律的改变而引发的。 流量变化影响了河流植物、无脊椎动物和鱼类。 Poff et al.[33]认为水文节律(流量大小、变化频率、持续时间、时刻、变化率)是一种调节生态完整性的控制变量。

水文特征的分类,一开始就与生物的种类、分布、行为以及形态等特征紧密结合。 由于水文数据的相对易获取性,定量分析的发展程度较高。

3. 基于生态的分类

河流连续系统的概念[34]对理解河流生态结构和功能产生了重大的影响。 它预测了河流纵向的物理、化学和生物特征的变化。 从源头小河到下游大河物种的数量会增加,上游、中游、下游的优势群落依次是食碎屑者群落、牧食者群落以及滤食者群落。 同时,解释了生物分布与地貌因子的相互关系,将一条河流分为源头河流、中等河流和大型河流三个部分。

在美国,许多河流分类系统都结合了区域尺度的生态区和微尺度的栖息地,成功地预测了鱼类物种分布、水化学和物理特征。 Abell et al.[35]划分了北美淡水生态区,评估了这些自然空间单元内河流的生物多样性保护等级,筛选了优先恢复单元,这种方法已在世界范围内迅速推广。 2002年,美国国家环保署启动了流域分类项目,在不同区域建立流域分类体系,旨在更有效地确立监测计划,诊断生物受损的原因,确定流域优先行动计划。 将河流放在大的区域生态背景下的分类方法,在欧盟也广泛使用。 欧盟水框架指令要求成员国采取基于生态的分类系统,进而监测评估生态系统健康状况。

在景观生态学的影响下,Berman[36]提出了一个基于景观结构和过程的内在过程等级模型(generic process hierarchy, GPH),通过对景观结构和过程的分类,来评估生态系统的脆弱性和完整性。 该分类框架是基于流域过程而建立的,可以应用于多个时空尺度。 在粗尺度上,GPH对土地利用转化程度以及影响物流的过程进行等级划分；在可视的尺度上，对物流过程的速率和途径进行分级；在精细尺度上，对河道内的物质储存和搬运过程进行分级。该分类体系的重要突破是强调了干扰-恢复过程、尺度、等级以及区块的动力，并且利用 GIS 实现了对景观过程的分级。

河流生态分类的发展趋势是从依据少量因子发展到依据综合因子，从依据优势物种或指示物种的分类发展到生态系统分类，从单尺度的河段分类发展到多尺度、等级的生态区分类，从静态结构分类发展到动态过程分类。

1.2.1.3　中小河流幸福程度评价

20 世纪 70 年代，不丹前国王吉格梅首次提出国民幸福总值（Gross National Happiness，GNH）概念，他认为政策应该关注幸福并应以实现人民幸福为目标，创造性地提出由政府善治、经济增长、文化发展和环境保护四级组成的国民幸福总值。幸福感是一种心理体验，而幸福指数就是衡量这种感受具体程度的主观指标数值。近年来，美国、英国、荷兰、日本等发达国家都开始了幸福指数的研究，并创设了不同模式的幸福指数。我国从 2006 年起由中央电视台、国家统计局、北京大学国家发展研究院联合发起"中国最具幸福感城市评选"，指标包括收入水平、住房条件、交通出行条件、食品安全环境、休闲娱乐条件、学习教育交流、健康状况、公共服务、生态环境等方面 26 个计分项。

在河流幸福指数评价指标方面，陈茂山等[37]对"幸福河"内涵及评价指标体系进行了研究，从洪水有效防御、供水安全可靠、水生态健康、水环境良好、流域高质量发展及水文化传承六个方面，阐述了"幸福河"的内涵要义；提出包含目标层、准则层、指标层 3 级体系 21 项指标的河湖幸福指数评估指标体系，并指出：在评价时必须处理好共性指标和个性指标、主观指标和客观指标的关系，充分考虑评价标准的区域差异性、发展阶段差异性等问题。左其亭等[38]以安全运行、持续供给、生态健康、和谐发展"四大判断准则"为框架，按"目标—准则—指标"三层级，构建幸福河评价指标体系，包括基本指标 16 个、备选指标 34 个，最终将幸福河评价指标划分为 5 个等级，并分别对 2017 年黄河上中下游分段、支流渭河以及流经的 9 个省（自治区）开展幸福河评价的实例应用。幸福河研究课题组[39]从需求层次出发，构建了包含水安全、水资源、水环境、水生态、水文化五个维度的指标体系，共分为 20 项二级指标、33 项三级指标，为幸福河湖建设评价提供技术支撑，详细指标见表 1.2-1。

表 1.2-1　　　　　河湖幸福指数指标体系

一级指标	二级指标	三级指标	指标方向
安澜之河	1. 洪涝灾害人员死亡率	洪涝灾害人员死亡率	逆向
	2. 洪涝灾害经济损失率	洪涝灾害经济损失率	逆向
	3. 防洪标准达标率	堤防防洪标准达标率	正向
		水库防洪标准达标率	正向
		蓄滞洪区防洪标准达标率	正向
		城市防洪达标率	正向
	4. 洪涝灾后恢复能力	洪涝灾后恢复能力	正向
富民之河	5. 人均水资源占有量	人均水资源占有量	正向
	6. 用水保证率	城乡自来水普及率	正向
		实际灌溉面积比例	正向
	7. 水资源支撑高质量发展能力	水资源开发利用率	逆向
		单方水国内生产总值产出量	正向
	8. 居民生活幸福指数	人均国内生产总值	正向
		恩格尔系数	逆向
		平均预期寿命	正向
宜居之河	9. 河湖水质指数	Ⅰ～Ⅲ类水河长比例	正向
		劣Ⅴ类水质比例	逆向
	10. 地表水集中式饮用水水源地合格率	地表水集中式饮用水水源地合格率	正向
	11. 地下水资源保护指数	地下水开采系数	逆向
	12. 城乡居民亲水指数	亲水设施完善指数	正向
		亲水功能指数	正向
生态之河	13. 重要河湖生态流量达标率	重要河湖生态流量达标率	正向
	14. 河湖主要自然生境保留率	水域面积保留率	正向
		主要河流纵向连通性指数	正向
	15. 水生生物完整性指数	水生生物完整性指数	正向
	16. 水土保持率	水土保持率	正向

一级指标	二级指标	三级指标	指标方向
文化之河	17. 历史水文化保护传承指数	历史水文化遗产保护指数	正向
		历史水文化传播力	正向
	18. 现代水文化创造创新指数	现代水文化创造创新指数	正向
	19. 水景观影响力指数	自然水景观保护利用指数	正向
		人文水景观创新影响指数	正向
	20. 公众水治理认知参与度	公众水意识普及率	正向
		公众水治理参与度	正向

张民强等[40]在分析国内外国民幸福指数与河湖幸福指数评估方法的基础上,探讨提出适用于浙江省独立河流(湖泊)、县域与流域三种类型的河湖幸福指数评估指标体系与评估办法,为浙江省开展河湖幸福指数评估提供借鉴。韩宇平等[41]构建了包含流域自然属性、社会经济属性、人水和谐关系三个方面26项指标的幸福河评价指标体系,以幸福河指数来表示幸福河的评价结果,并根据需求层次论将幸福河指数划分为基本需求层次、发展需求层次、和谐需求层次,以黄河流域为例,采用模糊综合评价法,建立黄河幸福河评价模型,得出黄河的幸福河指数需求层次,详细指标见表1.2-2。

表 1.2-2　　　基于需求层次论的幸福河评价指标体系

目标层	准则层	指　标　层	设　定　依　据
幸福河评价 A	流域自然属性 B_1	降水深 C_1/mm	水资源开发综合利用评价
		产水模数 C_2/(万 $m^3 \cdot km^{-2}$)	水资源开发综合利用评价
		干旱指数 C_3	水资源开发综合利用评价
		流量变异程度 C_4	河流健康评价
		植被覆盖率 C_5/%	水安全评价
		水土流失比例 C_6/%	人水和谐评价
		河道阻隔状况 C_7	河流健康评价
	社会经济属性 B_2	城镇化率 C_8/%	河流健康评价;水安全评价
		人均 GDP C_9/万元	水安全评价
		耕地率 C_{10}/%	水资源开发综合利用评价
		耕地灌溉率 C_{11}/%	水资源开发综合利用评价

续表

目标层	准则层	指标层		设定依据
幸福河评价 A	社会经济属性 B_2		农村自来水普及率 C_{12}/%	河流健康评价；人水和谐关系
			人口密度 C_{13}/（人/km²）	河流健康评价；水安全评价；人水和谐关系
	人水和谐关系 B_3	水资源开发 B_{31}	水资源开发利用率 C_{14}/%	河流健康评价
			径流调蓄能力 C_{15}	水资源开发综合利用评价
			防洪安全指数 C_{16}	河流健康评价
			水资源调控能力 C_{17}	水资源开发综合利用评价
		用水水平 B_{32}	人均用水量 C_{18}/m³	人水和谐关系；水安全评价
			灌溉水利用系数 C_{19}	河流健康评价
			万元工业增加值用水量 C_{20}/m³	人水和谐关系
			非常规水供水比例 C_{21}/%	水资源开发综合利用评价
		水环境影响 B_{33}	污径比 C_{22}/%	水资源开发综合利用评价
			水质达标率 C_{23}/%	水安全评价
			地下水超采面积比率 C_{24}/%	水资源开发综合利用评价
			河道内适宜需水量满足程度 C_{25}	水资源开发综合利用评价
			城镇人均生态用水量 C_{26}/m³	专家咨询

贡力等[42]针对建设幸福河实现新时代河湖治理的目标，基于 ERG 需求模型，建立了包括 23 个核心指标和 27 个可选指标的幸福河评价指标体系，运用 Matlab 软件，以幸福河等级指数为目标，采用投影寻踪模型建立幸福河评价指标值与幸福河等级指数之间的非线性关系，构建了基于改进的粒子群优化投影寻踪(IPSO - PPE)的幸福河等级评价模型，实现对幸福河的定量评价。 并以黄河甘肃段为例，分析了其 2010—2018 年幸福河等级指数变化的趋势。 结果表明：黄河甘肃段幸福河等级指数整体呈上升趋势，由 2010 年的 E 等级(不幸福)提升到 2018 年的 B 等级(幸福指数较高)，评价结果与 GRA - TOPSIS 法结果吻合率达到 88.9%，能较好地反映黄河甘肃段实际情况。 水土流失、流域水患灾害、河流生态基流满足程度是制约黄河甘肃段幸福河等级指数的主要因素。

陈敏芬等[43]根据杭州市幸福河湖建设情况，从幸福河湖评价体系框架、指标含义、指标选取及测算方法等方面进行了探讨研究，提出了包含水安全保障、优质水资源、水生态活力、水休闲魅力、水文化弘扬、水经济繁荣、水智慧赋能七大指标的幸福河湖评价指标体系，为其他幸福河湖评价提供借鉴，具体指标见表 1.2－3。

表 1.2－3　　　　　　杭州市幸福河湖评价指标体系

序号	目标层	准则层（ZZ）	指标层（ZB）	标准值	富春山居图河流	清明上河图河流
			指 标 名 称			
1		水安全保障（0.20）	堤防防洪标准达标率（0.25）	25	必选	备选
2			平原排涝标准达标率（0.25）	25	备选	必选
3			水利工程安全度（0.25）	25	必选	必选
4			水文站网覆盖度（0.25）	25	必选	备选
5		优质水资源（0.18）	河流集中式饮用水水源地水质达标率（0.35）	35	必选	备选
6			万元国内生产总值用水量下降率（0.35）	35	必选	必选
7			农田灌溉水有效利用系数（0.30）	30	必选	备选
8	幸福河湖	水生态活力（0.15）	水质断面达标率（0.20）	20	必选	必选
9			生态堤质保有率（0.20）	20	必选	必选
10			水域面积率（0.20）	20	必选	必选
11			生态流量/常水位保证率（0.20）	20	必选	必选
12			河流纵横向连通性（0.20）	20	必选	必选
13		水休闲魅力（0.15）	滨水绿道贯通率（0.25）	25	必选	必选
14			滨水生态廊道占比（0.25）	25	备选	必选
15			滨水廊道公共服务配套设施指数（0.25）	25	备选	必选
16			亲水便捷覆盖率（0.25）	25	必选	必选
17		水文化弘扬（0.12）	水文化景观节点（0.40）	40	必选	必选
18			水文化主题活动及宣传（0.30）	30	必选	必选
19			水文化遗产保护程度（0.30）	30	备选	备选
20		水经济繁荣（0.10）	城乡居民人均可支配收入增长率（0.30）	30	必选	必选
21			水旅融合产品占比（0.30）	30	必选	必选
22			公众满意度（0.40）	40	必选	必选
23		水智慧赋能（0.10）	河湖视频监控设施（0.40）	40	必选	必选
24			河湖数字化平台应用率（0.30）	30	必选	必选
25			岸线利用管理指数（0.30）	30	必选	必选

1.2.2 中小河流治理技术研究

1.2.2.1 河流地貌研究

阶梯-深潭结构是山区河流中常见的河床微地貌现象，由一段陡坡和一段缓坡加上深潭相间连接而成，河床纵剖面呈重复阶梯状[44-45]。陡坡上堆积着较大的卵石、漂石或浮木，构成阶梯，深潭里则聚集了粒径较小的细砂、粗砂和少量砾石（图1.2-6）。

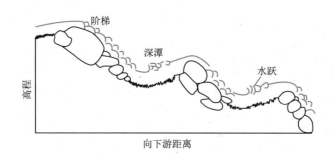

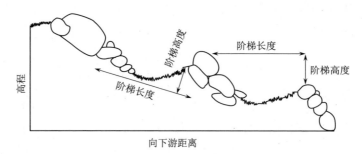

图 1.2-6　阶梯-深潭结构纵剖面

我国怒江、雅鲁藏布江、金沙江支流小江流域、四川及浙江的山区河流中都发现了发育良好的阶梯-深潭结构。研究表明[46]，该结构能有效控制河床侵蚀下切，具有稳定河床和消能减灾的作用，同时有助于改善水生物的栖息地环境。近年来，人工阶梯-深潭系统已经逐渐被用于山区河流治理。因此，研究阶梯-深潭结构对防灾减灾和生态修复具有重要意义，可为山区河流治理提供相关依据。

自20世纪80年代以来，国外学者已就阶梯-深潭结构开展了大量研究，初期集中于对阶梯-深潭地貌的野外观测，并研究阶梯的形态特征与河道坡度、泥沙粒径之间关系。90 年代开始结合水槽试验对阶梯-深潭结构的发育过程、形成机理及水力学特性等方面进行进一步的研究，并取得一系列成果。国内对阶梯-深潭结构的研究起步较晚，自 2000 年开始通过野外调查、野外试验和室内分析，对阶梯-深潭系统的典型结构形态、水力特性、消能机理、推移质输沙对其消能率的影响开展了较系统的研究[47-50]。目前研究方向主要集中在对阶梯-深潭结构的形态特征、形成机理、功能及作用等方面。

1. 形态特征

阶梯-深潭结构的形态在河床纵坡上呈现阶梯状，目前描述其形态特征的主要参数包括阶梯高度 H 及阶梯长度 L。阶梯高度 H 主要由构成阶梯的巨石决定[51]，阶梯长度 L 则由河床颗粒粒径、水流条件等因素综合决定。研究者们通过大量的天然河流观察及测量结果，对阶梯高度 H、阶梯长度 L、河床坡降 S 等形态特征参数之间的关系进行了统计分析，提出了一系列经验公式。

Abrahams et al.[52] 研究发现，自然发育的阶梯-深潭结构 H/L 值介于 S 与 $2S$ 之间；Chartrand et al.[53] 对 Idaho 中、西部 4 条河流中的阶梯-深潭结构进行了测量分析，得出 $L/H \approx 8$；Judd[54] 提出了阶梯高度 H、阶梯长度 L 和河床坡降 S 的定量关系：$L = H/(cS^z)$，其中，c 和 z 为常数。这一关系被许多野外测量数据和水槽试验结果所验证。

由于描述阶梯-深潭结构形态特征的 H、L 等参数的测量方式与定义不同，给结果带来较大主观影响，导致众多经验公式之间缺乏可比性，因此在研究阶梯-深潭结构形态参数之间的定量关系时，客观而统一的测量标准与参数定义均十分重要[55]。

2. 形成机理

阶梯-深潭结构在山区河流中分布广泛，大量的野外调查和室内水槽试验结果发现，阶梯-深潭结构通常在以下环境条件下发育形成：①河床底坡较大的山区河流，坡降一般为 0.03～0.20[56-57]；②河床泥沙级配不连续，有大粒径卵石、漂石组成阶梯并能保证在低于其形成量级洪水下阶梯不破坏[58-59]；③有重现期为 20～50 年的大流量、低频洪水出现[60]；④上游来沙量和河道产沙量小[61]；⑤河床宽深比小，阶梯组成巨石粒径与河道宽度之比较大[62]。

目前，关于阶梯-深潭结构形成机理的理论主要有巨石控制理论、逆行沙垄理论和最大水流阻力理论三种。

（1）巨石控制理论认为阶梯-深潭系统在河道有巨石存在情况下才会发育，巨石与河道宽度水深之比最小大于 1/10，巨石来源为泥石流挟带的大石块、两岸崩塌入河道的大石块、出露的基岩以及横跨河道的树木。由于巨石的位置是随机的，因此该理论认为阶梯的间距是随机分布的[63-64]。

（2）逆行沙垄理论支持者通过水槽试验发现，粒径较大的泥沙规律地停留在驻波的波峰下，拦住其他小颗粒形成叠瓦状的阶梯，据此他们认为阶梯-深潭系统的发育模式类似于逆行沙垄的发育模式[65-66]。

（3）最大水流阻力理论最早由 Davies et al.[67] 提出。该理论认为山区河流中，河床结构朝着最稳定的方向发展，最大的阻力意味着可以消耗最多的水流能量，河床也趋向于最稳定，Abrahams et al.[68] 的水槽试验也支持该理论。

3. 功能及作用

（1）河流动力学作用。研究表明，阶梯-深潭结构能增加水流阻力，消耗水流能量，控制河床侵蚀下切。主要表现在两个方面：①阶梯-深潭结构在床面纵剖面上呈阶梯状，水流经过阶梯跃起，紧接着跌入其下方的深潭，水流漩滚、紊动强烈，对水流消能起到重要作用，避免其冲刷侵蚀河床、岸坡和输送泥沙[69-71]；②从深潭段到阶梯段河道形状的急剧变化是产生形状阻力的主要原因[72]。

水槽试验结果还表明，阶梯-深潭系统不仅增加水流阻力，而且使之最大化。Whittaker et al.[73] 通过试验得出，随着侵蚀冲刷的发展，水流阻力和河床糙率都在增加，最终当阶梯-深潭系统形成时，阻力达到了最大，此时河床也达到最佳稳定。

Curran et al.[74] 对美国华盛顿州 Cascade 的山区河流阶梯-深潭结构进行了研究，得出结论：阶梯-深潭结构造成的水流阻力占全部阻力的 90%，而沙粒阻力和河道沙波阻力只占 10%。由于阶梯-深潭结构造成的阻力是水流阻力的主体，曼宁糙率 n 是阶梯-深潭结构发展程度的一个函数[75]。

阶梯-深潭系统不仅影响水流阻力，也影响泥沙运动[76]。漂石和乱石形成的阶梯结构足以有效地控制河道侵蚀率，即便河床坡度高达 22%；美国俄勒冈州山区河流上由圆木构成的阶梯结构所拦蓄的泥沙高达年均产沙量的 23%，因此极为显著地控制了河床的侵蚀下切[77]。在诸多水槽试验中，泥沙运动与床面形态的形成是紧密相关的[78]。当深潭被泥沙填满时,阶梯-深潭结构的消能作用被削弱,水流流速变大,侵蚀能力增强,会对阶梯结构产生一定的负面影响。Lamarre et al.[79]基于加拿大魁北克 Spruce 溪(典型阶梯-深潭结构河道)泥沙颗粒位移过程的调查,研究了阶梯-深潭结构河道中泥沙输送的动态过程。

(2)河流生态学作用[80-87]。阶梯-深潭系统微地貌形态能塑造相对稳定而又多样性的水生栖息地环境,因而能改善和维持良好的河流水生生态。发育阶梯-深潭系统的河流底栖生物密度和物种数明显高于河床坡度相似但没有发育阶梯-深潭系统的河道。大卵石堆积成阶梯,细颗粒泥沙在深潭河段的缓流区沉积下来形成淤泥层,阶梯和主流河段河床由大小不同的卵石构成,河流具有适宜多种生物栖息的条件,因而生物多样性较高。

Wang et al.[88]通过对云南小江支流深沟、蒋家沟、小白泥沟以及四川九寨沟和金沙江的野外调查发现,发育阶梯-深潭系统的深沟和九寨沟底栖动物密度高达 552 个/m^2,生物量高达 5.96g/m^2;而邻近没有发育阶梯-深潭系统的小白泥沟和蒋家沟底栖动物密度仅仅 0.75 个/m^2,生物量不到 0.006g/m^2,说明阶梯-深潭系统对河流生态具有显著促进作用。

发育阶梯-深潭系统的河流往往具有较好的生态,不仅仅因为阶梯-深潭系统能控制侵蚀,还在于发育阶梯-深潭系统河道多样性的水流环境,提供了多样性的栖息地,为不同种类的生物提供了生活环境[89-90]。以大型无脊椎底栖动物为指示物种的研究表明,发育阶梯-深潭系统的河流,其生物多样性远高于无阶梯-深潭系统的河流[91-92]。

1.2.2.2 生态堤岸研究

目前,国内外生态堤岸主要分为植被类、工程类、植物与工程材料相结合类三种型式,具体可分为植物固土护岸、松木桩护岸、梢料捆护岸、块石护岸、石笼护岸、生态砌块和鱼槽结构护岸、土工合成材料复合植物护岸、生态混凝土护岸等。

(1)国外研究。国外生态堤岸研究较早。1965 年,Emst Bittmann 等人提出以芦苇、柳树固定岸坡的"生物河流工法"。到了 80 年代,德国、瑞士等国提出捆材、木沉排、草格栅、干砌石等近自然型护岸结构。90 年代,美国对大型河流,如洛杉矶河、基西米河实施生态修复计划,恢复被渠化和规则化河道原有的蜿蜒性,将混凝土堤岸改造为透水透气堤岸。同一时期,日本学习欧美治河经验,实施"多自然型河道建设"计划,在新型护岸结构型式上做了大量研究。

21 世纪以来,发达国家着力于生态堤岸建设的政策、方法、手册等的制定。 如日本《建设省河川砂防技术标准(案)及解说(设计篇)》《关于中小河川的河道设计技术标准》,美国《防洪墙、堤防和土石坝景观植被和管理导则》《河流修复设计国家工程手册》,英国《河流恢复技术手册》、澳大利亚《河流恢复手册》《西澳大利亚河流的属性、防护、修复以及长期管理指导》等。

(2)国内研究。 20 世纪 90 年代,生态堤岸技术开始在我国推广。 侯文杰等[93]在小型河流治理中应用柳囤坝护岸结构,取得良好效果。 陈海波[94]在引滦入唐工程中提出网格反滤生物组合护坡技术。 胡海泓[95]在广西漓江治理工程中试验应用石笼挡墙、金属网兜、复合植被护坡等生态型护岸技术。 万勇[96]在观澜河治理中采用植物护岸、植物加筋护岸、石笼护岸三种生态堤岸型式。

21 世纪初,各地对生态堤岸型式进行了大量的探索,如浙江省的"万里清水河道建设"。 这一时期主要为生态堤岸型式划分与应用,如王新军等[97]针对城市河道特点、护岸功能与问题,讨论了生态堤岸建设类型与方法,提出自然原型生态堤岸、抛石护岸、沉梢/填梢护岸、复式断面护岸等四种护岸型式的断面特点、适用性。 夏继红等[98]将生态性护岸划分为植物护岸和植物与工程措施相结合护岸两种类型,并介绍了国内外常用的生态型护岸技术,着重介绍了土壤生物工程技术的发展及其主要型式。 关春曼等[99]针对中小河流治理中生态堤岸存在的主要问题,提出围绕与传统护坡技术结合、与土工合成材料结合、基质研发和施工方式的创新方面构建生态堤岸技术。 荣云杰等[100]通过国内外工程实例,将生态堤岸划分为自然原型护岸、自然型护岸、多自然型护岸三种型式,并介绍了其适用范围和优缺点,提出生态堤岸在实际应用过程中,应摆脱自身局限性,结合现状综合灵活地选择护岸型式。

近几年来生态堤岸建设重点转移到生态堤岸的机理研究,旨在通过机理的研究,完善生态堤岸技术和创新新型护岸结构型式。 王广莹[101]、陈大伟[102]利用植物的固坡作用和植物减缓流速的作用提出"植物桩＋散粒块石"新型岸坡结构,并通过物模和数模分析坡面坡度、散粒块石粒径、散粒块石组合形式、植物分布密度、植物茎秆强度等因素对护坡体稳定性和水流流速的影响。邢浩瀚等[103]根据鱼类对孔隙的选择性试验结果设计多孔隙生态砌块结构，整个结构由植生孔和过鱼孔组成，砌块间采用嵌插形成整体。李奎鹏等[104]通过多组不同配合比的混凝土抗压强度与静态水质改善效果的测试，设计出微生物附着效果较好、去污效果较强的多孔混凝土结构。

1.2.2.3 生态堰坝研究

目前对于堰坝的研究主要集中于堰坝的水流特性、冲淤情况、鱼道设计、数值模拟等方面。近年来随着"五水共治"的大力推进，以及"绿水青山就是金山银山"理念的提出，生态水利工程的建设已经成为未来水利工程发展的趋势，因此对于新型堰坝的研究越来越成为堰坝研究的热点问题之一。

1. 水流特性

堰坝的水流特性有共性也有差异性。堰坝修建后，其上游会形成壅水，减小上游的流速，下游会出现跌水，且流速明显增加，这是堰坝具有的共性。张大茹[105]运用 Mike21FM 模块建立了北京市房山区红螺谷小流域的平面二维水动力数学模型，通过设立三类尺寸和型式的堰坝，开展建成初期和淤平后的水位、流速和淹没范围的变化模拟分析。

堰坝形态的不同决定了其流态特征和过流能力的不同，这是堰坝的差异性，常倩[106]通过理论分析和物理模型试验相结合的方法，对不同体型参数和水力参数情况下的齿形堰和 Z 形堰的流态特征、过流能力等进行了研究。橡胶坝作为一种特殊的堰坝，其塌坝泄流的方式与其他堰坝不同，水流特性也不同。姜雪[107]通过对单级橡胶坝塌坝泄流过程的研究，提出了梯级橡胶坝泄流计算的方法，并编制了塌坝泄流计算程序。

2. 冲淤情况

堰坝的修建改变了河道原有的流速，影响了水流携带泥沙的能力，改变了河道原有的冲淤平衡。堰坝的冲淤主要表现为堰前的淤积和堰后冲刷两部分。

（1）堰前淤积。堰前流速的减小直接导致了水流中携带的泥沙在堰前淤积下来。吴国君等[108]通过物理模型试验和数学模型相结合的手段，发现了改进后折线形实用堰的堰面紊动强度较大、范围较广，能有效增强水流挟沙能力，易使泥沙起动，一定程度上能避免堰面泥沙淤积问题，从而保证检修闸门正常工作，保障枢纽安全运行。

在吴国君等研究的基础上，刘晓平等[109]采用物理模型试验和数学模型计算相结合的方法，研究了堰高对折线形实用堰堰面泥沙淤积的影响。结果表明：堰高为 3m 且堰顶高程未高于上游河床高程时，堰面检修门槽处的底流速和紊动能较大，泥沙不易淤积停留，对堰顶检修闸门正常启闭的影响较小。

（2）堰后冲刷。堰坝下游流速的增大是堰后冲刷形成的主要原因。Chen et al.[110]提出了清水冲刷条件下淹没式梯形矮堰下游冲刷深度计算公式，并对淹没式矮堰的壅水机理进行了分析。Guan et al.[111]借助水槽物理模型试验对清水冲刷条件下单个淹没式矮堰附近冲刷坑内的流场进行了模拟，发现淹没式矮堰下游冲刷坑的前部漩涡区的紊动强度和冲刷坑的最终尺寸大小有着密切关系，较为清晰地解释了淹没式矮堰基础冲刷的冲刷坑形成机理。

管大为等[112]回顾了国内外 80 余年关于矮堰基础冲刷的研究进展，他们将矮堰分为两类：一类是比降较大的河流中的连续矮堰结构；另一类是比降较小的河流中的单个矮堰结构基础冲刷，并推导出了两类矮堰的冲刷公式。

3. 鱼道设计

河道上堰坝的建设阻断了鱼类原先洄游的路径，因此鱼道的建设是维护生态稳定的必要手段。常规的鱼道设计及研究大多侧重于其内部结构和水流条件方面，缺少对鱼类生活习性及洄游规律等方面的认识，从而忽略了鱼道进口布置的重要性。而实际上鱼类能否较快发现和进入鱼道进口是鱼道设计的关键因素之一。竖缝式鱼道是目前国内外应用最为广泛的鱼道型式之一，其水利特性较为复杂，设计涉及多方面的技术问题，因此研究较为广泛[113-114]。在浙江省内对于鱼道的研究也十分丰富，史斌等[115]以楠溪江供水工程鱼道设计为例，通过物理模型试验，对当地鱼类生活习性、建筑物布置特点以及各工况水流条件进行了观测分析，提出将鱼道进口与电站尾水渠相结合的布置方式，并对其可行性进行了论证，该布置方式对研究鱼道进口具有较大的参考意义。

4. 堰坝研究的数值模拟

由于堰坝周边的流场环境较为复杂，大多数学者采用数值模拟的方法研究其流场环境。陈大宏等[116]利用三维的流动数学模型、k-ε 模型封闭紊流，以 VOF 方法追踪自由表面，对过堰流动进行了数值模拟，并与模型试验结果对比。Mohammadpou et al.[117]采用标准的 k-ε 模型和 Reynolds Stress 模型分别模拟了透水型淹没式矮堰附近的流场。Karim et al.[118]使用 Fluent 和 CFD 软件分别以标准 k-ε 湍流模型、Reynolds Stress 模型和 RNG 湍流模型模拟了跌水射流的过程。 Jia et al.[119-120] 利用 CCHE3D 模型对矮堰周围的三维流场进行了模拟分析。 Adduce et al.[121] 开发了一种可以计算带有护底的淹没式矮堰下游冲刷过程的一维数学模型。

5. 新型堰坝的探索

近年来，随着生态环境观念逐步深入人心，生态水利工程的逐步推进，生态堰坝设计也逐渐变成了人们对于堰坝研究的热点问题。 杨龙[122] 以生态水利工程学为基础，结合现有生态河道治理理论体系和实践资料，设计出了新型的"栅格"结构型式的堰坝，如图 1.2-7(a)所示。 宋睿等[123] 提出了一种兼具亲水作用的景观堰坝的构建方法，如图 1.2-7(b)所示。

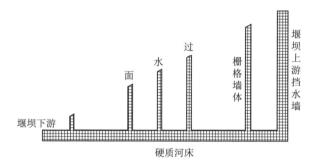

（a）"栅格"堰坝纵向断面设计

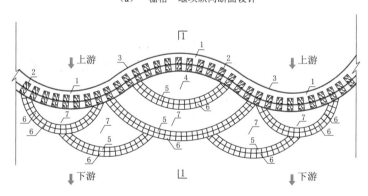

（b）景观堰坝平面布置

图 1.2-7　新型堰坝设计图

1—主堰坝；2—仿古石板汀步；3—主轴线；4—低堰坝景观蓄水池；

5—景观置石；6—挂壁水生植物种植槽；

7—低堰坝景观蓄水池

国外近年来开始研究新型透水堰坝的水流特性，Mohamed[124] 通过水槽试验将不透水的宽顶堰和不同透水率的宽顶堰进行对比试验，并对试验数据进行分析，推导出了适用于自由出流和淹没出流的透水堰流量公式。

图 1.2-8　透水堰试验模型

Leu et al.[125] 在环形水槽中对不同透水率堰坝附近流场的紊动强度进行研究，研究发现：透水堰降低了堰坝附近水流的紊动强度、紊动能量和雷诺应力；由于孔隙的渗流，使得堰坝下游的二次环流向下游扩展，减小了堰坝下游射流的能量；透水率47.5%的堰坝在顺水流方向的紊动强度较不透水堰坝下降了37%。 透水堰试验模型如图 1.2-8 所示。

1.2.2.4　生态需水研究

1. 国外研究现状

国外早期关于河流生态环境需水量的研究主要是对河道枯水流量（low-flow）的研究[126-130]。 经过多年的研究，已形成一些相对成熟的河流生态需水估算方法，基本可以分为水文学法、水力学法、栖息地评价法、整体分析法等四大类[131]。 水文学法根据河道的径流资料计算基本生态需水量，属于统计学方法，常用方法有 Tennant 法[132]、$7Q_{10}$ 法、德克萨斯（Texas）法[133]、NGPRP 法等。 水文学法宜用在对计算结果精度要求不高，并且生物资料缺乏的情况。 水文学法的优点是现场不需要测定数据，具有简单快速的特点；缺点是方法缺乏生物学资料证明，未考虑流量的丰、枯水年变化，也未考虑河段形状的变化，若要证明计算结果的生态效应，还要进行大量的野外工作，以设定不同标准和获取必要的参数。

水力学法以保留河流的足够水量和保持河道的基本形态为目标，将流量变化与河道的断面形状、比降、水深等水力几何学参数联系起来确定基本生态需水量，代表方法有湿周法、R2CROSS 法[134]、CASMIR 法等。 湿周法适用于湿润河网区，但河道的形状会影响该法的分析结果。 R2CROSS 法适用于一般浅滩式的河流栖息地类型。

栖息地评价法是在水力学法的基础上，考虑水质、水生物等因素，以提供一个适宜的物理生境作为目标，根据流量—栖息地生境或流量—栖息地指示物种的相关关系确定生态需水量，代表方法有 IFIM/PHABSIM法[135-138]、RCHARC法、Basque法等。该法使用起来比较灵活，但实际操作性不强，不容易被应用，适用于已确定物种及其栖息地为生态保护目标的河道。由水文学法到栖息地评价法，资料条件的要求随之增高，针对性也随之增强。

整体分析法综合考虑了专家意见和生态整体功能，通过综合研究河道内流量、泥沙运输、河床形状与河岸带群落之间的关系确定流量的推荐值，并要求这个推荐值能够同时满足生物保护、栖息地维持、泥沙冲淤、污染控制和景观维持等整体生态功能。整体分析法主要有南非的BBM法和澳大利亚的HEA法，宜用于流域整体的生态需水评估。

2. 国内研究现状

我国关于生态需水量的概念最早出现在20世纪70年代末，长江水资源保护科学研究所在《环境用水初步探讨》中对河流生态流量方法的确定进行了集中研究。随后，由于我国日趋严重的水环境污染和水生态退化等问题的出现，相关流域管理机构开始关注水生态问题对淡水生物资源特别是渔业资源产生的严重影响[139]。国务院环境保护委员会在《关于防治水污染技术政策的规定》中明确了在流域、区域水资源规划中不仅要保证社会经济用水，还应确保枯水期为改善水质所需要的河流生态环境用水[140]。1989年，汤奇成[141]第一次提出生态用水的概念，使人们重新认识了水资源和生态系统间的关系。1994年，方子云[142]率先对我国中小水利水电工程的生态环境进行了分析，明确提出了生态用水相关理论。1998年，刘昌明等[143]提出在研究水资源供需、水资源配置时，在考虑经济、社会需水的同时应统筹考虑生态环境需水。倪晋仁等[144]进一步明确了生态环境需水量的含义，同时提出了河流生态环境需水量的计算方法及原则。粟晓玲等[145]认为生态需水分为河道外生态需水和河流生态需水，计算时应结合不同生态类型考虑不同保证率下的生态需水状况。

随着生态需水理论的进一步发展与成熟，学者更多地关注水生生物等关键功能组对河流生态需水的要求。李嘉等[146]通过目标水生生物适宜水力生境确定河道最小生态需水，第一次提出生态水力学法的概念。郝增超等[147]开始从生物与流量的关系研究河流生态流量问题。赵长森等[148]将生态学法与水力学法相结合，提出了改进后的生态水力半径法（AEHRA）。

李建等[149]运用物理栖息地法计算长江生态流量。 戴向前等[150]利用 IHA/
RVA 法估算潮白河生态流量。 潘扎荣等[151]、赵然杭等[152]应用并改进年
内展布法，分别以淮河干流、青州市为例进行河道基本生态需水计算。 王秀
英等[153]以楠溪江干流为例，分时段、分河段同时考虑香鱼需水特性，采用
生态水力学法计算河道内生态需水量。

1.2.3　中小河流空间管控研究

1.2.3.1　洪水管理

1993 年，中西部大洪水促使美国走上了一条从流域范围着手，重视多部
门协作、追求生态环境与经济发展协调平衡的道路——实行更全面、更协调
的保护措施，并管理人与自然系统，以确保长期的经济运行与生态环境的可
持续发展。 1995 年 3 月，克林顿政府提出了《1994 年国家洪泛平原管理统
一规划报告》，报告评价了洪泛区管理的四大战略：①减轻人类应对遭受洪
水损失和破坏的脆弱性；②减轻洪水对个人与社区的影响；③调整洪水政
策；④保护并恢复洪泛区的自然资源及其功能。 同时也提出了四大目标：
①建立国家的目标设置及监控体系；②减少高风险洪泛区内的财产，洪泛区
部分恢复到自然状态；③建立社会化的洪泛区管理机制；④提高洪泛区自我
管理能力[154]。

德国洪水管理规划贯穿在各级空间规划中，即联邦、州、区域、市域等 4
个级别[155]。 各层次空间规划对应的尺度不同因而考虑的防洪任务也不同。
如联邦级别防洪空间规划内容包括：①规定高风险地区防洪对策；②限制上
述地区的开发、建设及农业用途；③界定主要泄洪通道；④编制防洪地图
等。 市域级别防洪空间规划内容包括：①制定与洪水控制直接相关、与洪水
风险最小化相关的防范措施的法定土地利用规划；②编制洪泛紧急疏散图；
③洪水三维模拟；④公众参与；⑤洪灾私人财产风险评估等。 以德国北威州
洪泛地规划为例，该项目采用堤防后退方式，重建河滨蓄滞空间的同时，实
现了相应河段的半自然化。

日本是一个洪水灾害多发国家，因此对洪水灾害管理非常重视，经过
100 多年的不断探索和实践，取得了令人瞩目的成绩[156]。 在重视工程措施
（如河堤、城市下水道管网）研究的同时，非常重视非工程措施（如公民防
洪意识、实时预警系统、灾害保险等）的防灾研究，以及信息技术在洪水风

险管理中的应用，强调洪水风险沟通和洪灾保险的作用，注重洪水风险防范与城市区域发展的结合，强化洪水风险的综合管理，这些已成为日本洪水风险管理研究领域的潮流。

荷兰于 1997 年提出了实施可持续的水管理策略。该策略的重要部分是"还河流以空间"的防洪政策，针对河流实施自然恢复工程，使河流在流量、泥沙输移、宽深比等方面达到动态平衡[157]。"还河流以空间"可能要求放弃几百年前筑围堤形成的滩地。WL/Delft 水工实验室研究了堤防系统的重新定位、将土地利用规划与防洪及河流管理结合起来等可能性，以使三角洲环境接近于大河的自然状态。这些可能性在逻辑上均应归因于全球性变化而对河流管理和工程在概念上的彻底反思。

我国的防洪形势与美国、欧盟等存在差异。一是人口密度大，留给洪水的回旋余地比较小，难以像西方国家那样预留出很多调蓄洪水的湖泊和湿地；二是洪水威胁区域与经济相对发达区域基本重叠，洪水灾害威胁严重。

国内有不少学者也提出了洪水管理的思路。中国洪水管理战略研究项目组[158]提出了中国洪水管理战略框架和行动计划。何少斌等[159]研究提出，洪水管理应建立科学适度的工程体系、科学规范的管理体系、科学有效的保障体系、科学健全的法规体系、科学先进的支撑体系。程晓陶认为，洪泛区应该被看作是河流的必不可少的组成部分[160]，洪水管理应遵循与洪水共存、与河流共存、保障发展、社会公正、分担风险的原则[161]，防洪工程体系建设和运用以及对洪水的自适应能力都应得到重视，并提出了"宽固堤、低作堰、不抢险"的防洪模式[162]。向立云分析了困扰蓄洪区建设运用的 3 个悖论[163]，并提出了洪水管理应采取的策略和政策措施清单[164]。

1.2.3.2　河湖水生态空间管控

水是生态与环境的控制性要素，作为水资源的载体，河湖的生态功能保护与空间管控是生态文明建设的基础内容。我国河湖众多，水网密布，水系发达，但随着工业化、城镇化进程的快速推进，河湖在生态、功能、空间上的问题逐渐凸显。随着人类对江河湖泊的不断开发利用，河流功能逐渐被认知，在不同发展阶段，被认知的河流功能也有所不同。河湖功能增多，功能定位变化显著，现有河湖管控方式难以满足需求。从河湖生态治理与保护要求出发，强化河湖功能恢复与保护，落实河湖空间协同管控，对于贯彻落实中央关于生态文明建设的战略部署，解决我国水资源短缺、水环境污染、水生态损害等复杂水问题，具有迫切的现实需求和重大意义。李胜华等[165]以我国当前水生态空间管控已有的研究为背景，重点分析了珠江口水生态空间管控的必要性及国内外的相关进展，根据目前的发展趋势对珠江口水生态空间管控的前景进行了展望。王晓红等[166]以南明河为研究对象，基于当地空间规划试点工作要求系统地分析了流域水生态空间存在的问题及相关需求，同时应用自然生态空间用途管制方法，从水质保护、水生态空间修复、管控能力建设及水量保障四方面入手，提出了管控指标和管控对策，有力地支撑了省级空间规划工作的进行。陆志华等[167]针对福建光泽县在水生态空间管控上存在的问题提出将水生态空间划分为三类管控区，并提出了县域内的河湖空间管控布局，为类似地区的河湖空间管控提供了参考。杨晴等[168]在对水生态空间管控的内涵进行梳理的前提下提出了水生态空间管控规划思路，水生态空间管控规划的主要内容得以明确，并依据相关工作开展情况提出了建议。王乙震等[169]认为河湖健康包括生态系统自身完整性和社会服务价值两个方面，在分析了河湖健康与水功能区划的关系后，提出了基于水功能区划的河湖健康评估原则，以期由此确定不同自然属性和社会服务属性的水功能区划评估重点，为河湖生态的空间管控提供向导。尹鑫等[170]提出了一种基于分区分类功能的河湖空间管控框架。以江苏省为研究对象，以省内四大河流水系为基础，结合省内的自然地理、水资源、生态等条件进行自然地理、水资源、行政水系、防洪除涝、水土保持以及水资源保护分区，并基于协同理论对分区进行空间融合，得到最终分区方案，进而对分区内河湖的主次功能进行分析归总，并依据现有范围规定和管控红线需求对各分区进行管控范围划定。

1.3 主要研究思路与内容

1.3.1 主要研究思路

浙江省是典型的南方丰水地区之一，中小河流众多，流域面积 50～3000km² 的中小河流共 800 余条，流域内有 1000 余万人口、350 多万亩农田，是全省江河系统的基础组成成分，在保障城乡安澜方面具有重要作用。本书以浙江省内的中小河流为主要研究对象，从实际情况出发，以存在问题和实际需求为导向，以河流治理技术和措施为落脚点，开展适用于南方丰水地区中小河流治理的理论与技术研究，形成具有指导意义的河流分类理论和方法、河流幸福指数目标体系构建的方法和技术，建立中小河流治理的措施和技术体系，为中小河流治理在规划、设计、咨询和实施等实践过程中涉及的目标方向、要素控制、治理技术、空间管控等方面提供理论、方法和技术支持，为实现"安全、健康、生态、宜居、和谐、富民"的幸福河湖治理目标，为浙江省第十四次党代会提出的"具有诗画江南韵味的美丽城乡"建设提供理论和技术支撑。

1.3.2 主要研究内容

本书主要以浙江省的典型中小河流为研究对象，综合水利工程、河道演变、流域地貌、自然地理、人文地理、社会管理等学科，构建中小河流分类指标体系和幸福指数目标体系，在空间管控、要素控制、治理技术等三大方面形成 8 项具有浙江特色的中小河流治理理论及技术研究成果。

1. 中小河流分类指标体系和幸福指数目标体系研究

（1）中小河流分类方法和指标体系。 研究生态河流的概念和内涵。 基于浙江省中小河流特点，结合中小河流治理目标体系，从自然属性、水灾害防御、水资源保障、水生态环境、水文化景观五大方面出发，提出适用于南方丰水地区中小河流分类方法和指标体系。

（2）中小河流幸福指数目标体系。 通过流域治理目标体系的研究，提出基于南方丰水地区中小河流分类的防洪减灾、水管理、水资源保护和开发利用、水环境改善、水生态修复、景观协调等中小河流治理的需求、目标体系和控制标准，提出典型流域的河道纵横向形态、河床、岸线和河岸带等空间管控目标以及洪水、枯水、水质等要素控制目标，经加权后形成中小河流幸福指数。

2. 中小河流治理技术研究

（1）中小河流地貌整治技术。 结合国内外研究成果，研究提出河流地貌的概念。 根据中小河流生态治理目标体系，研究中小河流河床地貌治理的具体目标。 总结借鉴国内外对河床地貌结构的研究成果，研究提出中小河流河床地貌治理的措施和建设技术。

（2）生态护坡技术。 护坡结构是生态河道治理的重要内容，近年来随着生态理念的推广，被越来越多地应用于各类工程中，主要的生态护坡类型有生态金属网垫、加筋麦克垫护坡、三维土工网护坡、生态混凝土护坡等，但其缺点很明显，有的抗冲能力较弱、有的经济性较差、有的需要频繁养护，同时上述生态护坡都具有商业产品的特异性，不能广泛地、因地制宜地应用在不同的河道环境中。因此对新型生态护坡结构，特别是基本以土、石等材料为主体的护坡结构的研究显得越来越重要，本书主要总结中小河流生态护坡的建设经验，并开展新型泥砌块石植草护坡的冲刷试验，研究该护坡的抗冲适应性。

（3）生态堰坝技术。天然的山区性河道中普遍存在由散粒体块石堆积形成的矮堰，通过散粒体块石的阻水作用，形成梯级的壅水，既有一定的挡水作用，又兼具了河道自然美观的特性，还不影响水生生物的生活。本书主要总结中小河流生态堰坝的建设经验，并开展散粒体堰坝的过流和抗冲试验，研究该堰坝的适应性。

（4）生态需水保障技术。开展基于生态系统水文气象条件适应性的中小河流生态需水研究，提出相应的生态需水计算方法。以浙江省的典型径流站为例，研究中小河流枯水流量历时分布特征，研究提出中小河流生态需水保障技术。

3. 中小河流空间管控研究

（1）中小河流洪水管理。针对中小河流防洪保护对象的规模、洪水、地形特征，研究提出小规模保护对象的防洪标准目标体系。研究提出与中小河流空间管控相适应的洪水管理工程措施和非工程措施。

（2）中小河流空间管控。总结国内外河道空间管理的政策法规，以明确土地属性、推动土地功能融合为目标，拓展洪泛区的内涵，研究提出中小河流空间管控政策，提出政策法规修改完善的建议。

2

南方丰水地区中小河流治理现状

/2.1 浙江省中小河流治理现状/

2.1.1 河道概况

浙江省河流众多，自北至南有苕溪、运河、钱塘江、甬江、椒江、瓯江、飞云江、鳌江等八大水系。此外，尚有众多独流入海小河流，另有部分浙闽赣边界河流；在杭嘉湖和萧绍宁、温黄、温瑞等主要滨海平原，地势平坦，河港交叉，形成平原河网。浙北和滨海地区为河流和浅海沉积形成的平原，区域内河流相连，水网密布，是著名的"江南水乡"。

截至 2020 年，全省流域面积在 $50km^2$ 以上的河流共计 877 条，其中，山地河流 538 条（包括混合河流 9 条、流入平原河流 5 条、独流入海河流 32 条），平原河流 339 条。这些水系有两大特点：①山区性河道源短流急，洪水位暴涨暴落，洪枯流量的变幅相差大；②八大水系除苕溪外，均受潮汐影响。

2.1.2 治理现状

2003 年以来，浙江省以生态省建设为契机，开展了以实现"水清、流畅、岸绿、景美"为总目标的万里清水河道建设，包括以"关注民生、保障民安"为内容的强塘工程建设、"安全、生态、美丽、富民"为内容的中小河流（流域）治理、"决不把污泥浊水带入全面小康"为内容的河流库塘清

（污）淤整治和劣Ⅴ类水剿灭行动、以"维护河流健康生命、实现河流功能永续利用"为内容的"河长制"管理等。通过多年的河流治理，全省河流现状得到极大改观。具体情况介绍如下。

1. 河道治理长度

截至 2020 年，全省无治理需求河道总长度达 8.45 万 km，需治理河道总长度 53327km，其中以防洪治理为主的河长 36276km，主要集中在杭嘉湖、甬台温区域；以生态治理为主的河长 17051km，主要集中在嘉兴和温州区域。全省已累计完成河道治理长度 47019km，其中省级河道治理 813km、市级河道 2165km、县级河道 6729km、县级以下河道 37312km（表 2.1-1 和表 2.1-2）。

表 2.1-1　　　　　　　各级别河道已治理长度统计

河道等级	已治理河道长度/km	河道等级	已治理河道长度/km
省级	813	县级以下	37312
市级	2165	合计	47019
县级	6729		

表 2.1-2　　　　　　各市河道治理现状及治理需求统计　　　　　单位：km

设区市名称	已治理河道长度	需 治 理 河 道		
		总长度	以防洪治理为主河道	以生态治理为主河道
全省合计	47019	53327	36276	17051
杭州市	5931	4770	3578	1192
湖州市	3274	3802	2869	933
嘉兴市	10161	8257	5169	3088
金华市	1850	2456	1503	953
丽水市	3595	3513	2244	1269
宁波市	5503	6283	4973	1310
衢州市	3520	5266	3664	1602
绍兴市	4640	3033	1976	1057
台州市	4302	7898	6645	1253
温州市	3684	7777	3502	4275
舟山市	559	272	153	119

2. 河道岸坡治理现状

截至 2020 年，全省已人工整治河道堤岸 5.54 万 km。 自然生态岸坡长度 8.16 万 km，主要集中在丽水、嘉兴、衢州和温州，长度均在 1 万 km 以上。 非生态堤岸长度 2.66 万 km，主要集中在航道较为集中的杭州、嘉兴区域。

3. 河道水流连续与水系连通性

截至 2020 年，全省河道有脱水段 2754km，主要分布在杭州、丽水、台州和温州引水电站较为集中的山区；全省有断头河浜 9841 处，主要集中在杭嘉湖区域，嘉兴县级以下河道断头浜个数达 6471 个。

4. 河道亲水便民设施

人类自古临水而居，择水而憩，走进水、亲近水是人类亲近自然的本性，也是人类亘古不变的居住情结。 现代人为了实现对水的向往，修建了滨水公园、桥梁、堰坝、河流埠头和滨水步道等设施。

截至 2020 年，全省有滨水公园 2056 处，主要集中在杭州、嘉兴、温州等河网密集、人口集聚区域，主要满足居民精神需求；跨河流桥梁 7 万余座，主要集中在杭州、嘉兴和宁波等河道较多、人口密集区域；规模堰坝 1.7 万余座，主要解决居民取水需求，兼顾河道景观，主要集中分布在杭州、丽水等以绿色农业发展为主的区域；河流埠头 19 万余座，主要分布在杭嘉湖、萧绍宁平原河网密集区，主要满足当地居民用水需求；绿道长度 7821km，主要集中分布在杭州、衢州、台州等旅游产业相对发达区域。

5. 河道涉水景区

"绿水青山就是金山银山"，借助浙江省良好的自然环境禀赋，以河川为纽带，截至 2020 年，全省已建成 3A 级以上涉水景区 321 处，其中国家级水利风景区 33 处，主要分布在生境良好的、风景宜人的丽水、衢州和杭州等地。 有世界灌溉遗产 4 处。 有湿地 108 处，其中省级以上湿地 49 处。 涉河文物共有 1443 处，其中省级以上文物 246 处。 有古桥 2390 座，主要分布在嘉兴、丽水等地，嘉兴古桥数量最多，有 801 处。 有古堰 377 座，集中分布于丽水和衢州等地，其中丽水古堰数量达 156 处。

2.1.3 管理现状

为全面落实习近平总书记关于标准化战略的重要论述和国务院深化标准

化工作改革的决策部署，全面提升全省水利工程管理水平，让水利工程更好地造福人民，完善水利工程标准化管理体系和运行管理机制，浙江省已全面推进水利工程标准化管理和河湖标准化管理试点工作。

1. 水利工程标准化落实情况

自 2016 年推行水利工程标准化管理以来，河流水利工程标准化建设有序推进，截至 2020 年，共完成水利工程标准化建设项目 1560 个，丽水和绍兴标准化工程数量均超过 250 个，位列全省前列；建成河湖管理用房 4762 座，其中河道管理用房 4753 座，以嘉兴市管理用房最多，达 2722 座，多为闸站、泵站管理用房；建成视频（监控）点 7858 个，杭州市视频（监控）点最多，达到 3548 个；建成自动水位监测点 1154 个，台州以 294 个居首；建成自动流量监控点 167 个，主要集中在杭嘉湖、甬台温平原区域；建成自动水质监测点 537 个，台州、杭州和嘉兴数量居多。 成果柱状图如图 2.1-1 所示。

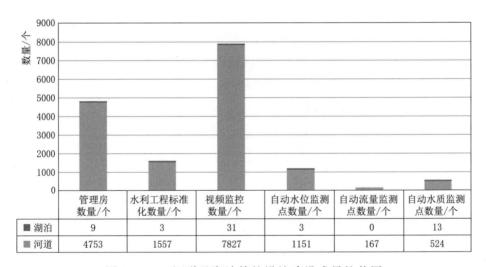

	管理房数量/个	水利工程标准化数量/个	视频监控数量/个	自动水位监测点数量/个	自动流量监测点数量/个	自动水质监测点数量/个
湖泊	9	3	31	3	0	13
河道	4753	1557	7827	1151	167	524

图 2.1-1 河道及湖泊管护设施建设成果柱状图

2. 河湖长制落实情况

现阶段浙江省河长制基本覆盖了省、县、乡镇及村级河道，河长制的推行，对于加强境内河道长效管护，全面提升水环境起到了积极的作用。 但在河长制的实施过程中还存在着以下一些问题：一是河长制虽然基本覆盖了每一条河流，但具体工作实施还需要进一步推进。 湖长制是河长制的进一步延伸，"十三五"期间已初步建立起了湖长体系，但还未将全部的湖泊水库纳入。 因此，对水库山塘实施湖长制工作还需进一步开展。 二是河长制体系有待进一步拓展。"十三五"期间确立的河湖长主要是党政河湖长，其在水环境整治、河道长效管理的宏观把握和协调沟通方面起到了很大的作用。 但党政河长通常还承担着各辖区城市建设、经济发展等方面的重任，由于精力有限导致不能兼顾到河长工作的方方面面。 因此，河湖长制体系还有待进一步拓展。

2.1.4 存在问题

1. 中小河流治理理念有待进一步更新

当前的中小河流治理理念，仍存在过多强调工程安全、人的安全、土地利用、财产保护等保障性功能发挥的问题，对通过治水推动生产生活方式的转变、助力社会经济的转型升级等推动性功能的重视不够，对河道水系、生态环境健康的关注不够。 这些问题的存在削弱了治水工作成效，影响了中小河流治理的健康发展。

2. 中小河流治理不够全面与综合

以往河道治理重点突出了骨干河道，但对中小河道及村内河沟池塘整治等缺乏详细的整体推进计划，导致在项目安排上缺乏系统考虑，成片整体推进的力度不足，影响中小河流水系的整体效果和工程效益的充分发挥。

进入新时代，我国社会主要矛盾已经转化为人民日益增长的美好生活需要和不平衡不充分的发展之间的矛盾。 人们逐渐由注重河流的防洪排涝通道功能转向注重河流的生态廊道、文化景观带等综合功能。 因此，河道治理的工程措施要兼顾安全、生态和美丽的需求，同时带动流域相关经济产业的发展，打造人民群众的幸福河。

3. 中小河流治理的定位与目标不够明确

开展中小河流治理，需要研究流域在自然地理、生态环境、社会经济、历史人文等方面的禀赋，分析流域发展的优势和劣势，从而发现问题，提出治理需求，明确流域定位和治理方向。 流域的禀赋和优势劣势往往由流域类别决定，要根据流域特点和需求，确定治理布局，提出有针对性的保障水安全、改善水环境、修复水生态、营造水景观、彰显水文化、发展水经济的措施。 治理方案既要满足人和社会发展的需求，推动生产生活方式的转变，助力社会经济的转型升级；也要保护自然和水系的健康，实现人水和谐共处，但当前没有合适的理论指导推动流域定位和目标研究，造成中小河流治理的成效参差不齐。

4.河道治理技术的适用性有待提高

中小河流治理工程，大多是"小"工程，应突显地域特色，也更应体现生态水工程的特点。近年来，全社会对于河道湖泊治理的要求日益提高，对生态、景观等提出新要求，一些地方在实施中把生态建设片面理解为绿化、造景，造成规划设计雷同，未根据实际情况选择适宜的治理技术，没有做到因势利导、精准施策，造成治理效果不佳。

5.中小河流管理有待加强

河流呈条带状分布，具有多功能性。河流管理涉及水利、航运、国土、城建、林业、旅游等多个部门，实施难度较大。由于缺乏经过批准的、科学合理的水域边界、尺寸作依据，使得河流管理无据可依，水行政主管部门在实施河流保护与管理、协调各部门关系时具有一定的难度。信息化管护设施和管理用房等是河流综合治理工程完工后有效管护的保障，根据 2020 年调查结果，平均每公里视频监控点仅为 0.06 个，自动水位监测点、自动流量监控点、自动水质监测点等信息化管护设施还不能满足河流管理的需要，与水利现代化的要求还有所差距。

2.1.5 中小河流治理新需求

1."平安水利"补短板,全面提高安全可靠的防洪减灾能力

防洪保安为河流治理的重要内容，完善堤防和护岸工程体系，保护沿河村镇和农田安全。

削峰——适当建设控制性工程，削减河道洪峰，降低河道护岸和堤防的建设成本，保护河道生态环境。

降速——结合堰坝建设降低洪水流速，减小洪水对防护设施的冲击力，推动保障工程安全。

封闭——根据保障对象和地形划设保护圈，建设护岸或堤防，实现保护圈的封闭。

防冲——工程建设以防冲为主，不过于强调防护设施的顶高程，实现设防标准内"农田不冲毁、村镇不成灾"的目标。

维修——通过对现有水库、山塘、堰坝、堤防和护岸等水利工程的维修

加固,确保工程安全。

生态——堤防护岸以当地石料填筑为主,尽量少用或不用混凝土,以干(垒)砌块(卵)石为主。

避险——注重防洪避洪非工程措施建设,限制人口、工业等要素向高风险区集中。

2."生态水利"增后劲,持续增强健康优美的水环境承载能力

以支撑生态旅游业等涉水产业发展为重点,通过水利工程调蓄,提高生态基流和旅游景观的流量和保证率。

保障——通过水库等蓄水工程,提高生态基流的流量和保证率。 不拘泥于基流,保障环境和景观用水,保障漂流等旅游设施用水。 加大水土保持措施,减少水土流失和泥石流灾害。

维护——保护河床基质,保护天然植被,维护天然岸线、河槽、浅滩、深潭、跌水的稳定。 建设低影响的护岸堤防等工程,维护生态环境的连续性。 完善饮用水源保护区生态补偿办法。

修复——提出堰坝、堤岸修复措施,提出坡耕地退耕还林、生态防护林建设等治理意见。

改善——适当新设堰坝等设施,改善河槽形态。 通过电站报废和改造等措施,消除脱水河段,恢复生态环境质量。

控制——核定流域纳污能力,提出集镇区和主要居民点、工业园区、主要旅游人口集聚地、垃圾填埋场等主要排污口的控制方案。

3."人文水利"添特色,全面彰显和传承优秀的浙江治水精神

适当拓展水景观,继承并丰富水文化,控制河道岸线,完善慢行系统。

整理——全面系统整理流域水文化要素,挖掘人类关于认识水、治理水、利用水、爱护水、欣赏水的物质和精神成果。

继承——采用系统的观点,将自然山水风光和人文要素当作一个整体,以继承为主,新增开发为辅,通过适当的点、线、面结合措施予以体现。 减少人工改造,避免画蛇添足。

提升——以河流为主线,以绿道为纽带,以古村落、古桥古堰、生态农业园、民宿经济、红色旅游点等为节点,全面提升水文化景观。 通过引水入村助力人水和谐,并为村落的防火救灾提供水源保障。 通过古桥修复改造等措施恢复涉水景观,提升文化气息。 通过绿道建设开发利用涉水景观。

| 2.2 其他南方丰水地区中小河流治理现状 |

2.2.1 上海市河流治理现状

2.2.1.1 治理成果

根据《2017 年上海市河道（湖泊）报告》，2017 年全市有河道 43253 条，总长度 28714.47km，总面积 497.53km²；湖泊 39 个，湖泊面积 72.53km²；其他河湖 5047 条（个），面积约 50.92km²。全市河湖面积总计 620.98km²，河湖水面率达 9.79％。

近年来，按照"水岸联动、截污治污，沟通水系、调活水体，改善水质、修复生态"的治水思路，上海市已对 471 条共计 631km 河道进行整治。基本实现"消除黑臭、水域面积只增不减、水质有效提升、人居环境明显改善、公众满意度显著提高"的全市中小河道整治目标。但对标"卓越的全球城市"的城市发展目标，上海河湖及滨水陆域在"水岸联动"上仍有提升的空间。现有河道建设功能相对单一，与滨河两岸功能契合度有待完善，河道生态景观及休憩功能较弱；河道水体质量不稳定，局部河道连通性较弱，水域及陆域环境质量亟待进一步提升；河湖及沿河陆域区域建设整治相对滞后，河道规划、建设及管理理念和标准与发达国家尚有差距，区域建设的统筹协调性尚待加强。

为保持前一阶段中小河道整治后的"水清岸绿"，实现市委市府提出的"水岸联动"整体目标，未来上海中小河道整治需由水域向陆域，由水质治理向综合整治，由线性实施措施向综合实施策略转变。

2.2.1.2 治理理念

1. 生态之河

以水为脉，建设市域城、水、林、田、湖相互融合的生态基底。结合生态环廊优化水绿交融格局，将生态廊道内林地种植、建设用地减量化与河道贯通、滨河绿化建设相结合，以水系为载体串联各级公园绿地共建城市生态基底。把河道作为城市发展的生态底线和红线之一，锚固以河道为依托的生态空间，加强河道两侧生态空间的保育、修复和拓展，从城乡一体和区域协同的角度加强水系生态环境联防联治联控。利用河道水域带状空间的生态修复和城市修补，通过柔性岸线、绿色护岸等方式，人工构建或调整河道水域及陆域生态系统，维持并优化其动态平衡，丰富生物多样性，缓解城市热岛效应，促进城市可持续发展。

2. 安全之河

河道是区域的行洪和排涝通道，遵循平原感潮河网总体格局，分片管控。连通片内河道，干支河道过流能力应相适应，构建系统性水网。合理设置引排水路径，满足区域排涝要求。落实"海绵城市"建设要求，完善河道"海绵体"架构，充分发掘中小河道的调蓄能力。利用河岸空间，建设各种海绵设施，以空间换时间，蓄以待排，进一步控制雨水径流，削减初期雨水污染，实现雨洪优化管理。适当减少通航河道数量，提升存量航道运能，释放水上旅游空间。通过优化归并，适当调整既有航道总量；通过提升存量航道等级，同步提升存量航道能力或新辟少量替代航道；发掘沿河景观、游览、航运历史遗存等，并考虑水上游览及公共交通的可能。

3. 都市之河

通过城市设计突出河道作为城市公共空间线型界面的肌理特征和公共功能特性。城市开发边界内的城镇化地区重点管控主要河道两岸空间尺度关系，强化河流交汇处、岸线转折处的空间设计，体现地区公共服务功能。乡野地区重点体现文脉和自然野趣，重点协调上海传统镇村、水乡田园的空间融合关系。强调沿河空间对外开放，满足不同人群不同活动的体验需求。引导河道空间尺度人性化，提高空间连续性和可达性，建设适宜的慢行系统，加强空间节点设计，配套景观性的亲水设施，构建便捷跨河交通系统，促进滨水区与腹地的联动发展。将河道作为重要的城市公共空间，与居住生活区、公共中心区、产业功能区整体结合布局各类服务设施，提升城市环境品质。引导形成与周边功能区慢行可达的路径，融入宜居、宜业、宜学、宜游的社区生活圈。突出上海以水为脉的村庄肌理，强化各类水体的生态环境建设及维护，打造江南水乡景观特色，重点体现文脉和野趣，协调水、田、林、路、村的空间融合关系，形成良好的生态环境，以传承乡村文化和江南文化、承载创新创业。

4. 人文之河

保护和展现上海以水为脉的江南水乡基底，延续拥江面海、枕湖依岛、河网交织的自然格局，凸显江南水乡村落景观的人文特色，打造独具魅力的江南景色，塑造人水相依的生活场景。 充分保护并合理利用历史遗存，凸显上海东西方文化交融的历史文化特征。 保护水体形态、尺度和自然生态环境，管控河流两侧建筑风貌和景观；设置能体现时代风貌的公共艺术品，提升滨河地区的文化魅力；塑造可以体现和展示非物质文化遗产的空间场所。 挖掘历史河道肌理，在历史城区、历史城镇、历史村落等有条件保护的重点地区，完整展现不同历史时期发展积淀形成的城市空间脉络。 保护城市肌理、空间布局、街巷尺度，体现城市丰富的历史文化内涵。 组织与旅游资源匹配的水上游览线路，强化水陆一体策略。 有引导地定期组织各类时尚文化活动，提高河道空间活力。 引导河道空间的休闲游憩活动，提高生活气息。

5. 创新之河

将统筹管理由水域向沿河区域推广，提倡水陆统筹、水岸联动、水绿交融、水田交错。 以河长制为契机，点线统管，从河道规划、建设及管理角度出发，统筹区域河道及其周边地区建设目标及相关要求。 积极引入项目储备、智慧管理、公众参与、公众监督等措施手段，实现信息化、网络化、网格化的分层分级管理体系。 综合施策，创新治理。 将河道作为重要的城市公共空间，与居住生活区、公共中心区、产业功能区整体结合建立滨河地区建设治理平台，实现多规合一；引入河道及其周边地区全周期评价体系，解决区域短板问题；将中小河道治理经验案例交流推广，实现长效治理。

2.2.1.3 治理要求

（1）通过收集资料、现状调查，分析相关规划对工程河道建设的要求，对河道的水文情势、水工构筑物及引排水、防洪调度、污染源、水质、水生态、底质及陆域植物群落等现状及历史资料进行调查，诊断河道存在的问题。

（2）根据河道生态治理总体目标，综合工程河道的特点、现状调查分析成果及相关规划等，确定河道生态治理的具体目标，明确工程的建设任务。

（3）根据工程河道不同河段的特点及问题，进行分段治理，确定不同河段的建设内容和重点。

（4）根据河道现状形态及相关规划，进行河道平面布置。

（5）根据水系规划或防洪规划等对河道断面的基本要求，结合河道生态治理的需要，在确保河道防洪、排涝及引调水等基本功能的条件下，优化河道断面形式，合理选择适宜的护岸材料。

（6）根据确定的河道平面布置及断面形式，设计适合生物多样性需求的河道微地形改造形式。

（7）根据不同河段的建设内容及重点，确定河道动植物恢复重点，提出陆域植物群落恢复、水生植物配置及水生动物放养方案。

（8）根据拟定的河道生态治理方案，复核河道引排能力，验证岸坡强度和结构稳定性，确保河道规划功能和结构安全可靠。

（9）提出施工方案，包括施工总布置、施工组织、工程进度及生态系统恢复施工方案等内容。

（10）编制河道生态治理投资估（概）算，分析生态治理的社会效益、经济效益和环境效益等。

（11）编制运行期管理维护方案，提出人员配置、管维设备配置、运行费用及跟踪评估要求等。

2.2.2 广东省河流治理现状

2.2.2.1 治理成果

2014 年以来，广东分两期总投入 330 亿元用于治理 1.6 万 km 中小河流。截至 2020 年，已累计治理中小河流超 1 万 km。通过治理，把一条条破烂不堪、污水横流的中小河流，治理成一条条堤固、水清、岸绿、景美的风景带，沿岸居民的获得感、幸福感和安全感显著增强，特别是治理后的中小河流洪水伤亡人数和经济损失较多年平均降低 90% 和 50%。

2.2.2.2 治理理念

（1）坚持顶层设计，持续高位推动。省委省政府主要领导亲自部署，省政府专门成立中小河流治理工作领导小组，省人大将治理工作列入年度督办事项。省水利厅成立"治河办"，建立"一周一例会、一月一督导、一月一简报、一月一上厅务会、一年一培训"的"五个一"工作机制，强力推动项目实施。省级财政按平均 200 万元/km 投资的 70% 足额补助，资金由县级统筹使用。地方党委和政府主要领导狠抓责任落实，定期督办和通报，及时解决重大难题。

（2）坚持安全为本，生态治理优先。因势利导，以防洪安全为前提，坚持生态优先、绿色发展，严格遵守"禁止侵占河道、不得裁弯取直、避免渠化河道"三条红线;因河施策,同一条河流根据不同保护对象分区分段设防;因地制宜,就地取材用于护岸设施,保护河道浅滩、沙洲、古树和植被群落等;因需治理,对无防洪要求的河段尽可能减少工程措施,保护河流原生态。 如梅州市梅江区白宫河,把原来"脏、乱、差"的河道打造成清水绿岸公园,为沿岸居民提供舒适优美的滨水生活空间,变"工程"为"风景"。

(3)坚持流域统筹,系统规划治理。 以流域为单元,统筹流域防洪规划和区域发展规划,综合考虑"上下游、左右岸"的防洪问题,按照"重灾易灾河流先行,先重点后一般,先上游后下游,先支流后干流"的原则,以整条河流和整流域为治理单元进行系统规划。 在具体实施中按照轻重缓急、整体推进、确有需求的原则,系统制定年度实施计划,分阶段实施,整条河流推进。 针对同一条河流不同河段、不同防护对象,分区分段确定设防标准和治理措施,杜绝一刀切。

(4)坚持综合施策,共建共治共享。 将河道治理与新农村建设、美丽乡村、精准扶贫等工作结合起来,与提升生态、景观、便民、休闲、文化等社会化功能相结合,提升河流整体品位。 治理中充分发动群众,考虑群众需求设置亲水码头、步道、便桥等,以治理成效带动群众支持,变"要我治理"为"我要治理",多地实现"零补偿""零上访",老百姓积极参与,投工投劳,共治共享。 如平远县实行"一河一路、一河一景、一河一公园、一河一产业"的发展模式,地区生产总值增长 6.6%,名列全市第一。 连州市中小河流治理结合美丽乡村建设,推动乡村旅游发展,年旅游产值达 6 亿余元,这些山区贫困县以中小河流治理为契机,实现了乡村经济新发展。

(5)坚持技术支撑,提升综合成效。 制定编写《中小河流治理工程设计指南》《中小河流治理工程案例图册》《中小河流建后管护标准》等技术文件;强化技术指导把关,对中小河流开展省级合规性审查,重点对方案是否落实生态理念、治理标准、工程措施、管护措施等方面审核把关。 实行"一线工作法",组织专家开展现场技术指导和服务、举办培训班;开展专题研究,研发清滩料筑堤、生态浆砌石挡墙、机械化叠石护岸等技术,推广应用治河新技术和新材料。

(6)坚持建管并重,提升巩固成果。 于 2016 年在山区五市中小河流率先试行河长制,明确要求在审批前落实管护机构,明确管护主体和责任、人员和经费；在建设中治理一宗、划界一宗，并埋设界桩，设立河长公示牌，落实信息化基本三要素（视频、水位、雨量）；施工单位需承担工程完工后 2 年的河道建后管护工作。同时积极探索社会化、专业化的管护模式，确保整治成果发挥长期效益。

2.2.2.3　治理方法

（1）以流域综合规划及专业规划为依据。

（2）加强基础资料的收集、整理和分析工作，根据工程规模和工程特点开展必要的现场调查和勘测等工作。

（3）兼顾干支流、上下游、左右岸利益，协调防洪、排涝、灌溉、供水、航运、水力发电、生态环境保护和文化景观等方面的关系。

（4）重视水文分析、河流冲淤演变及河势变化分析，加强整治河宽和堤距的分析论证，因地制宜，因势利导，尽量维持河道的自然形态，保持河势稳定及河道冲淤平衡。

（5）进行方案论证，选取技术可行、经济合理、低成本维护的治理方案。

（6）贯彻因地制宜、就地取材的原则，积极慎重地采用新技术、新工艺、新材料。在保障防洪安全的前提下，优先考虑生态治理措施，优先选择经济环保的建筑材料。

2.2.3　江西省河流治理现状

2.2.3.1　治理成果

"十三五"期间，江西省共完成 66 个五河治理防洪工程和 282 个流域面积 $200 \sim 3000 km^2$ 的中小河流治理工程，实施崇仁、永丰等 8 个中小河流重点县综合整治试点建设，治理山洪沟 21 条，中小河流治理全面推进，五河及支流重点河段防洪能力不断提高。全面启动保护耕地面积万亩以上圩堤除险加固，开展堤防应急整治等，累计整治堤长 4380km。战胜了 2016 年长江鄱阳湖大洪水、2017 年乐安河上游超百年一遇特大洪水、2018 年蜀水超历史大洪水和 2020 年鄱阳湖流域超历史大洪水，最大限度减轻了 2019 年有记录以来最严重旱灾的影响，防汛抗旱减灾取得了全面胜利。"十三五"期间洪涝灾害年均损失率为 0.74%，较 2001—2015 年间的平均值 1.21% 大幅下降，有力保障了江河安澜、人民安全和经济社会稳定运行。

2.2.3.2 治理理念

1. 加强中小河流治理的综合规划

首先，在治理中小河流项目之前要做总体综合规划，经过反复论证对比，选择最优方案。 其次，在治理过程中，要结合当前治理急需解决的问题并融入当地文化特色，设定合理的治理目标。 最后，一段河流的洪涝问题往往涉及其上下游河段，中小河流治理因资金有限，只对重点河段进行治理，建议以河流为单元进行系统治理。 只有综合规划治理中小河流，才能解决河道治理系统性差的问题，有效提高防洪标准。

2. 因地制宜采取治理方式

针对中小河流的分布广、问题多、形式复杂的特点，可以从治理河段的类型出发，选择不同治理措施，采取不同的治理技术手段。 中小河流治理要切实贯彻生态文明理念，严禁随意侵占河道、裁弯取直和束窄行洪断面。 在护岸措施的选择上，多选取松木桩、生态砌块、生态混凝土、格宾石笼等生态护岸形式。 注重与周边环境及生态景观相协调，避免"硬化、白化、渠化"河道，保持河流自然形态和生态功能。 中小河流综合治理应根据治理河段的具体情况，选择治理重点，上游河段应以护岸防冲为主，浅丘河段以固岸、稳定河势为主，下游河段以防洪为主。 防洪工程建设前应先进行河道治理，再根据河道过流条件实施，才能取得最大的投资效益。

3. 多方筹集河流建设治理资金

中小河流治理是事关人民群众生命财产安全的民生工程，江西省为经济欠发达地区，财力薄弱，项目建设地方筹资难度较大，中小河流治理具有点多面广的特点，资金投入明显不足。 政府部门要因地制宜，出台相关政策，多部门联动，筹集资金。 比如利用水利地方债券、引导地方民间资本进入水利投资，多规融合，一切为水利建设服务。

4. 建立长效管护机制

中小河流治理项目建成后，由于资金、人员等原因，工程管护往往不到位，影响工程效益发挥。 为此，建议在地方政府层面建立支持项目建后管护的长效机制，出台相应政策，补助部分管护经费，使工程充分发挥效益，提高中小河流防洪能力，为江西省人民生命和财产安全提供坚实保障。

3

基于幸福河导向的中小河流分类和评价体系

/3.1 基于幸福河导向的中小河流分类指标体系/

3.1.1 分类指标体系构建原则与基本框架

3.1.1.1 构建原则

中小河流是由生态、经济和社会等子系统组成的复合系统，因此其分类指标体系原则上可由若干个生态、经济和社会等指标共同组成，使这一复合系统成为具有刻画、描述、评价、解析和决策等功能的有机体系。

中小河流分类指标体系的评价结果应能作为中小河流治理的依据，使多种目标在中小河流治理中达到高度统一。因此，分类指标体系应遵循以下原则：

（1）客观性。指标必须客观存在，符合流域实际情况，避免受人为严重影响。

（2）科学性。选择的指标有一定的代表性，指标基本上能反映中小河流治理的内涵和目标的实现程度。

（3）独立性。单个指标反映流域的某一侧面，指标之间应尽量不相互重叠、不存在运算或因果关系。

（4）可量化性。指标可以用数量表达，每一项具体数值同反映的内容相一致。

（5）可操作性。 指标必需的资料容易取得、必需的计算方法容易操作，避免计算复杂、采集困难的指标。

（6）适应性。 指标在用于评价流域分类时应有可比性，不能受事物以外的因素影响。

（7）系统性。 指标体系作为一个统一整体，应能够反映和测度评价的主要特征和状况。

（8）层次性。 指标体系应该根据评价对象和内容分出层次，并在此基础上将指标系统分类，使指标结构清晰，便于应用。

3.1.1.2 基本框架

中小河流治理以河道所在全流域系统治理为目标，针对不同流域特点，以防御洪涝灾害、保护生态环境、推动和支撑流域社会经济发展为导向，分类研究流域治理理念和思路，提出各类河段适宜性的治理措施。

指标是反映实际存在的自然和社会经济现象的数量概念和具体数值，指标名称和指标数值体现了自然和社会经济现象质和量的两方面统一。 本书基于浙江省中小河流特点，根据中小河流治理目标和指标体系构建原则，从自然属性、水灾害防御、水资源保障、水生态环境、水文化景观五大方面出发，提出适用于南方丰水地区中小河流的分类指标体系，见表 3.1-1。

表 3.1-1　　　　　　　基于幸福河导向的南方丰水地区
中小河流分类指标体系

准则层	指标层	基本含义	分类层	
自然属性	地貌形态类型	结合地貌学，对河流/河段进行分类	1	中山段：海拔 1500～2000m
			2	中低山段：海拔 800～1500m
			3	低山段：海拔 500～800m 或起伏度＞150m
			4	高丘陵段：海拔 500～800m 且起伏度 20～150m
			5	中丘陵段：海拔 200～500m
			6	低丘陵段：海拔 20～200m
			7	平原段：起伏度 0～20m
	年均径流深 R/mm	R = 多年径流深总和/统计年数	1	年均径流深高：$R \geqslant 1200$
			2	年均径流深较高：$1000 \leqslant R < 1200$

准则层	指标层	基本含义	分类层	
自然属性	年均径流深 R/mm	R＝多年径流深总和/统计年数	3	年均径流深中等：$800{\leqslant}R{<}1000$
			4	年均径流深较低：$600{\leqslant}R{<}800$
			5	年均径流深低：$R{<}600$
水灾害防御	最大 24h 降雨量 H_{24}/mm	采用多年平均最大 24h 降雨量来表征	1	短时降雨强：$H_{24}{\geqslant}360$
			2	短时降雨较强：$300{\leqslant}H_{24}{<}360$
			3	短时降雨中：$240{\leqslant}H_{24}{<}300$
			4	短时降雨较弱：$180{\leqslant}H_{24}{<}240$
			5	短时降雨弱：$H_{24}{<}180$
	人口密度 P/(人/km²)	P＝人口数/流域面积，该指标作为考量水灾害防御重要性的指标	1	人口密度高：$P{\geqslant}500$
			2	人口密度较高：$300{\leqslant}P{<}500$
			3	人口密度较低：$100{\leqslant}P{<}300$
			4	人口密度低：$P{<}100$
	水安全保障度 WSG	WSG＝河段达标保护人口占河段总需要保护人口比例$\times0.7$＋河段达标保护农田面积占河段总需要保护农田面积比例$\times0.3$	1	水安全保障度高：$WSG{\geqslant}0.9$
			2	水安全保障度较高：$0.75{\leqslant}WSG{<}0.9$
			3	水安全保障度较低：$0.6{\leqslant}WSG{<}0.75$
			4	水安全保障度低：$WSG{<}0.6$
水资源保障	水资源丰度比 WRR	WRR＝（人均占有的水资源量/浙江省人均水资源量＋亩均耕地占有的水资源量/浙江省亩均水资源量）/2	1	水资源丰度高：$WRR{\geqslant}1.2$
			2	水资源丰度较高：$1.0{\leqslant}WRR{<}1.2$
			3	水资源丰度较低：$0.8{\leqslant}WRR{<}1.0$
			4	水资源丰度低：$WRR{<}0.8$
水生态环境	自然岸线保有率 $NSRR$	$NSRR$＝自然岸线长度/全部岸线长度，用于评价横向连通性	1	自然岸线保有率高：$NSRR{\geqslant}0.4$
			2	自然岸线保有率较高：$0.25{\leqslant}NSRR{<}0.4$
			3	自然岸线保有率较低：$0.1{\leqslant}NSRR{<}0.25$
			4	自然岸线保有率低：$NSRR{<}0.1$

准则层	指标层	基本含义	分　类　层	
水生态环境	河流纵向连通性	生物、物质、能量在河流纵向上运移的通畅程度，用阻隔系数 C 来表示	1	纵向连通性优：$C<0.1$
			2	纵向连通性良：$0.1\leq C<0.2$
			3	纵向连通性中：$0.2\leq C<0.5$
			4	纵向连通性差：$0.5\leq C\leq 1$
			5	纵向连通性劣：$C>1.0$
	河流蜿蜒度 S	$S=$ 河流中心线/河流流域中心线	1	劣：$S<1.2$
			2	差：$1.2<S<1.5$
			3	良：$1.5\leq S\leq 2.0$
			4	优：$S>2.0$
	生态基流保障	重要控制断面有无可行的生态用水保障措施	1	生态基流有保障
			2	生态基流无保障
	水环境质量 EQW	$EQW=\sum$（水环境功能分区长度×水质等级分值）/河长	1	水环境质量高：$EQW\geq 0.9$
			2	水环境质量较高：$0.8\leq EQW<0.9$
			3	水环境质量较低：$0.7\leq EQW<0.8$
			4	水环境质量低：$EQW<0.7$
水文化景观	水文化景观融合度 F	$F=$ 物质文化遗产分值＋非物质文化遗产分值	1	融合度高：$F\geq 60$
			2	融合度较高：$40\leq F<60$
			3	融合度中等：$20\leq F<40$
			4	融合度一般：$F<20$

3.1.2　自然属性

3.1.2.1　地貌形态类型

地貌形态类型是指根据地表形态划分的地貌类型，通常根据地表形态特征、海拔、起伏程度、坡度等划分指标进行分类。地貌形态类型与地貌形成原因、形态特征和岩土特性等均有关联，对河流的形态、营力、发育过程、水流特性等均有影响，是决定河流治理方向和措施的最基本的因素，因此将其作为中小河流分类指标之一。

南方地区山区丘陵发育，中小河流大多位于中山—平原地貌区间，基于地貌形态的中小河流分类应体现从中山到平原的地貌分类特征，以指导选择处于不同地貌单元的河流治理措施。结合浙江省中小河流特征，按地貌形态类型将浙江省中小河流的河流/河段划分为 7 类：①中山段，海拔 1500～2000m；②中低山段，海拔 800～1500m；③低山段，海拔 500～800m 或起伏度大于 150m；④高丘陵段，海拔 500～800m 且起伏度 20～150m；⑤中丘陵段，海拔 200～500m；⑥低丘陵段，海拔 20～200m；⑦平原段，起伏度 0～20m。划分依据为中国省市区地理丛书《浙江地理》（2013 年出版）。

3.1.2.2　年均径流深

年均径流深表示河流上某一断面以上集水区的平均产水能力，是一个比较稳定的水文特征数字，在水文水利计算中占有很重要的地位，代表枢纽位置处可能利用的水利资源的最大限度，是影响流域水资源开发利用的最主要参数。年径流主要受气候及自然地理两种因素的影响。年均径流深 R 在数值上等于多年径流深（mm）总和除以统计年数。

结合浙江省中小河流年均径流统计特性，将浙江省中小河流划分为 5 类：①年均径流深高，$R \geqslant 1200\text{mm}$；②年均径流深较高，$1000\text{mm} \leqslant R < 1200\text{mm}$；③年均径流深中等，$800\text{mm} \leqslant R < 1000\text{mm}$；④年均径流深较低，$600\text{mm} \leqslant R < 800\text{mm}$；⑤年均径流深低，$R < 600\text{mm}$。阈值划分依据为：以浙江省为代表的南方丰水地区，多年平均径流深大多数区域在 600～1200mm 之间，以 900mm 为中值，取 200mm 作为级差分界，可以将大多数区域划入较高至较低的区域。

3.1.3　水灾害防御

3.1.3.1　最大 24h 降雨量 H_{24}

短历时强降雨是引发中小河流山洪、洪涝灾害的主要原因之一。通过研究发现，可以采用多年平均最大 24h 降雨量来表征区域是否易发山洪、山洪的强度以及洪涝灾害的主要指标。

我国南北方以年降水、气温为表征的水文气象条件差异巨大，但形成洪灾的短历时强降雨特征差异则要小得多。以北京和杭州为例，北京多年平均年降水量接近 600mm，杭州则约为 1400mm，两者差别很大；但 20 年一遇最大 24h 设计暴雨，北京约 190mm，杭州略超过 200mm，两者差别非常小。

结合《浙江省短历时暴雨》图集，按 20 年一遇 24h 降雨量将中小河流划分为 5 类：①短时降雨强，$H_{24} \geqslant 360\text{mm}$；②短时降雨较强，$300 \leqslant H_{24} < 360\text{mm}$；③短时降雨中，$240 \leqslant H_{24} < 300\text{mm}$；④短时降雨较弱，$180 \leqslant H_{24} < 240\text{mm}$；⑤短时降雨弱，$H_{24} < 180\text{mm}$。

3.1.3.2 人口密度

人口密度是单位土地面积上的人口数量，是衡量一个区域人口分布状况的重要指标，可用来表征人类活动强度。本书中的人口密度 P 是指流域内常住人口数与流域面积的比值（计量单位：人/km^2），可作为考量水灾害防御重要性、生态环境受胁迫程度的指标。

根据第七次人口普查数据，浙江省平均人口密度约为 612 人/km^2。浙东北环杭州湾地区和浙东南沿海地区人口密度高，其中嘉兴地区人口密度高达 1380 人/km^2，约是浙江省平均人口密度的 2 倍。杭州、嘉兴、宁波、温州、台州是浙江省人口密度较高的"点"；广大浙中以及浙西南地区的区域人口密度相对而言较低，丽水地区人口密度只有 144 人/km^2，衢州地区人口密度只有 257 人/km^2，山区乡村的人口密度则更低。

参照浙江省人口密度分布特性，按人口密度将中小河流划分为 4 类：①人口密度高，$P \geqslant 500$ 人/km^2；②人口密度较高，$300 \leqslant P < 500$ 人/km^2；③人口密度较低，$100 \leqslant P < 300$ 人/km^2；④人口密度低，$P < 100$ 人/km^2。

3.1.3.3 水安全保障度

流域防洪保安事关社会稳定和国民经济发展大局，较好的防洪安全设施是流域可持续发展的基本保障。为了反映流域水安全保障情况，从防洪工程保护人口和农田面积的角度出发，采用水安全保障度来评价防洪能力的达标程度。计算公式如下：

水安全保障度＝河段达标保护人口占河段总需要保护人口比例×0.7

　　　　　　＋河段达标保护农田面积占河段总需要保护农田面积比例

　　　　　　×0.3

南方地区山丘区多，流域碎片化特征明显，中小河流中单个防洪包围圈面积较小，防洪标准为 5～20 年一遇的保护对象占大多数。为体现不同防洪标准的区别和影响，10 年一遇及以上堤防的权重为 1.0，10 年一遇以下堤防或修筑护岸的权重为 0.5。

按水安全保障度将中小河流划分为 4 类：①水安全保障度高，$WSG \geqslant$

0.9;②水安全保障度较高,0.75≤WSG<0.9;③水安全保障度较低,0.6≤WSG<0.75;④水安全保障度低,WSG<0.6。

3.1.4 水资源保障

水资源丰度又称水资源丰饶度,指水资源的富集和丰富程度。 它决定资源的开发规模和经济发展方向,其评价指标通常有绝对量与人均拥有量两类。 为了在浙江省内进行横向对比,采用水资源丰度比指标。 大多数研究报告以人均水资源量作为评价水资源丰度的指标,实际上这是不够全面的。农业用水是社会用水的重要组成部分,但耕地分布与人口分布的不协调却是常态。 因此,往往会出现人均水资源与亩均水资源的丰度差别非常大的情况(表 3.1-2)。

表 3.1-2　　　　部分南方丰水省份水资源丰度有关数据

省　份	多年平均水资源量/亿 m³	常住人口/万人	耕地/万亩	人均水资源量/m³	亩均水资源量/m³
浙江省	955	6456.76	1935.70	1480	4936
广东省	1830	12601.25	2852.87	1452	6415
福建省	1181	4154.01	1397.99	2843	8448
湖南省	1682	6644.49	5443.40	2531	3090
江西省	1565	4518.86	4082.43	3463	3834

数据来源:水资源量来自各省的"水资源公报",常住人口来自各省"第七次全国人口普查公报",耕地来自各省"第三次全国土地调查主要数据成果"。

为更全面地评价流域水资源丰度,需综合考虑人均水资源量与亩均水资源量这两个要素。 以浙江省为例,其计算公式如下:

水资源丰度比(WRR)=(人均占有的水资源量/浙江省人均水资源量

　　　　　　+亩均耕地占有的水资源量

　　　　　　/浙江省亩均水资源量)/2

浙江省多年平均水资源总量为 955 亿 m³,2020 年第七次人口普查常住人口为 6456.76 万人,人均水资源量为 1480m³,略低于全国平均值;有耕地1935.70 万亩(2018 年第三次全国土地调查主要数据成果),亩均水资源量为 4936m³。 根据浙江省社会经济发展的特征,今后很长一段时间内,人均水资源量还将趋于更少,亩均水资源量将趋于更多。

参照浙江省中小河流水资源丰度统计特性，将中小河流划分为 4 类：①水资源丰度高，$WRR \geqslant 1.2$；②水资源丰度较高，$1.0 \leqslant WRR < 1.2$；③水资源丰度较低，$0.8 \leqslant WRR < 1.0$；④水资源丰度低，$WRR < 0.8$。

3.1.5 水生态环境

3.1.5.1 自然岸线保有率

自然岸线是天然的水体岸线，基本维持自然形成的状态，没有过多的人为改造。 计算公式如下：

自然岸线保有率（$NSRR$）＝自然岸线长度÷全部岸线长度×100％

自然岸线保有率越高，河流的横向连通性越好，越有利于河流生态环境的保护。 按自然岸线保有率程度将浙江省中小河流划分为 4 类：①自然岸线保有率高，$NSRR \geqslant 0.4$；②自然岸线保有率较高，$0.25 \leqslant NSRR < 0.4$；③自然岸线保有率较低，$0.1 \leqslant NSRR < 0.25$；④自然岸线保有率低，$NSRR < 0.1$。

阈值划分依据为：取 25％、50％、75％的统计分界点位对应的比值，并四舍五入到小数点后一位。

3.1.5.2 河流纵向连通性

河流纵向连通性受到连通河段长度和阻隔程度的影响。 连通河段长度越长对鱼类等水生生物的生存越有利，阻隔程度越小对鱼类的洄游、迁徙越有利。 因此，采用阻隔系数法计算单位长度河道所受的完全阻隔系数，系数越大表明阻隔越大，系数越小表明阻隔越小，越适合鱼类生存。 其数学表达式为

$$C_j = \frac{\sum\limits_{i=1}^{n} N_i a_i}{L_j} \times 100 \quad (i = 1, 2, \cdots, n)$$

式中：C_j 为第 j 段河流的纵向连通性指数；n 为拦河坝的种类；N_i 为第 i 种拦河坝的数量；a_i 为第 i 种拦河坝（堰坝、水库、水电站等）对应的阻隔系数（表 3.1-3）；L_j 为河流的长度。

针对水流连续河流，结合浙江省流域实际，确定纵向连通性等级的评价阈值标准分 5 类：①纵向连通性优，$C < 0.1$；②纵向连通性良，$0.1 \leqslant C < 0.2$；③纵向连通性中，$0.2 \leqslant C < 0.5$；④纵向连通性差，$0.5 \leqslant C \leqslant 1$；⑤纵

向连通性劣，$C>1$。

表 3.1-3　　　　　　　水工建筑物的阻隔系数

拦河坝类型	对鱼类洄游通道阻隔特征	阻隔系数
灌溉堰坝	只对部分鱼类洄游造成阻隔	0.25
景观堰坝	只对部分鱼类洄游造成阻隔	0.50
水电站	完全阻隔	1.00
	有洄游通道，部分阻隔	0.50
水库	完全阻隔	1.00
	有洄游通道，部分阻隔	0.50

3.1.5.3　河流蜿蜒度

河流具有弯曲的自然属性，这与河流水量、海拔、坡降等自然因素有关。对于河流的弯曲程度，一般用河流蜿蜒度表征，蜿蜒度是由河流中心线与河流流域中心线的比值决定的（图 3.1-1），计算公式为

$$S = L_r / L_v$$

式中：S 为河流蜿蜒度；L_r 为河流中心线，即所测河段本身的长度，m；L_v 为河流流域中心线，即所测河段上下游两点间的直线距离，m。

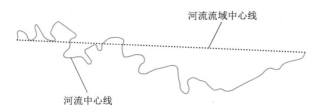

图 3.1-1　河流蜿蜒度示意图

采用广泛应用的 Rosgen 河流分类标准对蜿蜒度进行分类：①劣，$S<1.2$；②差，$1.2 \leqslant S < 1.5$；③良，$1.5 \leqslant S \leqslant 2.0$；④优，$S>2.0$。

3.1.5.4　生态基流保障

按重要控制断面有无可行的生态用水保障措施分两类：①生态基流有保障；②生态基流无保障。

3.1.5.5 水环境质量

水环境质量是指流域内水功能分区的水质，计算公式为

水环境质量 $EQW = \Sigma$（水环境功能分区长度×水质等级分值）/河长

Ⅱ类水质及以上等级分值为 1.0，Ⅲ类水质等级分值为 0.8，Ⅳ类水质等级分值为 0.6，Ⅴ类及劣Ⅴ类水质等级分值 0。

该指标计算公式为本书首次提出。结合浙江省近几年开展的"美丽河湖"创建工作及其经验，本书认为：河流水质整体维持在Ⅲ类及以上的，属于水环境较好的；水质整体在Ⅳ类及以下的，属于水环境较差的。

按水环境质量将浙江省中小河流划分为 4 类：①水环境质量高，$EQW \geqslant 0.9$；②水环境质量较高，$0.8 \leqslant EQW < 0.9$；③水环境质量较低，$0.7 \leqslant EQW < 0.8$；④水环境质量低，$EQW < 0.7$。

3.1.6 水文化景观

水文化景观物质文化遗产是指流域内有关水文化的寺庙、名人故居、风景区、湿地公园、沿河景观节点和桥梁小镇等。该项指标反映了流域内景观设施的规模和密集程度。水文化景观非物质文化遗产是指流域内有关水文化的歌舞、名人传说、戏剧等民间艺术。该项指标反映了流域内水文化的传播情况以及与居民生活的融合程度。

因此，对水文化景观的统计需要根据流域内相关资料记载和现场调研进行赋分。最后根据总分值 F，对流域水文化水景观的融合程度划分等级。分值计算公式为

$$F = f_1 + f_2$$

式中：F 为水文化景观融合度；f_1 为物质文化遗产分值；f_2 为非物质文化遗产分值。

参考国家质量监督检验检疫总局提出的《旅游区（点）质量等级的划分与评定》（GB/T 17775—2003）的相关规定，采用打分方法（德尔菲法），根据流域内水文化景观种类的不同，对不同级别文保单位赋予不同分值[171]，国家级文保单位 1 个赋值 8 分，省级文保单位 1 个赋值 6 分，市级文保单位 1 个赋值 4 分，未列入者 1 个赋值 2 分。

结合浙江省近几年开展的"美丽河湖"创建工作，通过赋值发现，当 $F \geqslant 60$ 时，流域内人文自然景观与水融合度高，全国知名度较高；$40 \leqslant F <$

60 时，流域内人文自然景观与水融合度较高，省内知名度较高；20≤F<40 时，流域内人文自然景观与水融合度中等，在区域内享有一定知名度；F< 20 时，流域内人文自然景观与水融合度一般，流域内水文化景观知名度不高。 表 3.1-4 为采用本水文化景观融合度评价方法对浙江省丽水市各主要流域进行评价的成果。

表 3.1-4   浙江省丽水市各流域水文化景观融合度评价

序号	项目名称	评分			
		物质文化遗产	非物质文化遗产	总计	评级
1	莲都区太平港流域	48	16	64	优
2	莲都区宣平溪流域	36	22	58	良
3	莲都区严溪流域	16	10	26	中
4	缙云好溪流域	38	28	66	优
5	缙云盘溪和贞溪流域	16	18	34	中
6	缙云新建溪流域	20	12	32	中
7	龙泉市龙泉溪流域	22	50	72	优
8	青田县小溪流域	14	10	24	中
9	青田县四都港流域	50	26	76	优
10	青田县官庄源流域	20	12	32	中
11	庆元县毛垟溪流域	16	6	22	中
12	庆元县松源溪流域	30	44	74	优
13	庆元县竹口溪流域	18	12	30	中
14	云和县浮云溪流域	44	18	62	优
15	景宁县小溪流域	52	26	78	优
16	松阳县松阴溪流域	44	18	62	优
17	遂昌县乌溪江流域	30	30	60	优

3.2 中小河流幸福程度评价体系

基于中小河流分类指标体系成果，提出包含防洪减灾、水管理、水资源保护和开发利用、水环境改善、水生态修复、景观协调、水文化弘扬和水经济发展等多方面的中小河流幸福指数，用以指导中小河流的规划设计。

3.2.1 评价体系构建原则与基本框架

中小河流治理的目的不仅是使其产生更大的综合效益，更是保护好河流的整个系统，最终达到水资源的可持续利用。而河流治理涉及的范畴比较广泛，各个地区、各条河流所面临的问题也不尽相同，既有共性问题，也有地区性的特定问题。因此，治理目标用什么指标衡量，以及如何衡量具有一定的特殊性。为科学评价中小河流治理模式与成效，指导今后中小河流治理建设，需建立一套科学的治理评价指标体系。

3.2.1.1 构建原则

（1）先进性与可操作性相结合。指标设置应能体现新时代河流生态治理理念的目标参数以及具体的判别指标。聚焦当前中小河流治理实际，精准定位。

（2）定量与定性相结合。在评价标准的制定上，需要进行大量的资料收集整理工作和归纳分析工作，制定科学合理的评价标准。评价指标所需的数据资料应便于收集、计算方法简便、易于掌握，如无法获得可以从定性方面进行评价。

（3）代表性和相关性相结合。在设置评价指标时，应选择主要的并有代表性的指标，且要体现独立性，即选取的评价指标内涵不存在明显的重复。同时，选取的指标与总目标要具有相关性。指标是总目标的有机组成因素，只有每个指标实质性达成才能实现总目标，这就要求指标与目标一定要有高度的相关性。

3.2.1.2 基本框架

从万里清水河道到"幸福河湖"，河流治理的理念与实践不断丰富。水体清澈是基本条件，"幸福"的内涵则更加丰富。"幸福河湖"不仅需要水景观营造的外在美，更需要"完善的水灾害防御设施""显著的水生态保护成效""高效的水管理服务能力""人民群众实实在在的获得感"等内在美。

目标体系分为目标层、准则层和指标层。目标层为中小河流生态化治理的总目标；准则层则是为了实现总目标而采取的各种措施、必须考虑的准则；指标层则是各项具体指标。基本框架包含水灾害防御、水生态保护、水管理服务、水宜居和谐、水文化传承和水经济发展 6 大类 17 项指标，见表 3.2－1。

表 3.2－1   中小河流幸福指数目标体系指标

目标层	准则层	指标层	基 本 含 义
河流幸福指数	水灾害防御 水安全保障指数	★水安全保障度	堤岸工程保护人口、农田占全部需要保护的人口、农田比例
		河道畅通性	涉河构筑物（堰坝、河埠、桥梁、码头、水闸等）满足防洪、排涝等要求，无明显淤积或阻碍行洪的构筑物
	水生态保护 水生态环境指数	河道自然形态	河流纵向连通性、河流蜿蜒度
		★堤岸生态度	不同类型护岸形式生态性情况
		★自然岸线保有率	自然岸线占全部岸线的比例
		★生态基流保障度	重要控制断面有无可行的生态用水保障措施
		水功能区水环境功能区水质达标率	达到水功能区水环境功能区水质标准的河道比例
	水管理服务 河道管护水平指数	★河道管理标准化达标率	参考河长制考核结果，包括河长及其责任、管理机构（或责任主体）、管护设施、日常管护机制、信息化管理
		河道蓝线划示率	河道蓝线划示工作完成比例，要求河道管理界线清晰，无违法建筑
		排水口设置达标率	取排水口设置达标比例，要求不存在污水直排、偷排、漏排现象
	水宜居和谐 居民获得感指数	亲水便民设施布设情况	沿岸供人们休闲娱乐的滨水步道、亲水平台、人行便桥、河埠头，以及安全警示标识和安全设施等设置情况
		景观协调程度	沿岸自然景观是否优美，人工景观是否确有需要、不造作且符合河湖实际及美观性、经济性要求
		★群众满意程度	通过调查问卷方式对河道治理成效进行全面调查

目标层	准则层	指 标 层	基 本 含 义
河流幸福指数	水文化传承	水文化传播指数	水文化遗产丰富度	通过流域内文保单位数量调查来进行赋分
			水文化宣传度	中小河流所在区域内平均每年举办的各类水文化主题活动、媒体宣传等情况
	水经济发展	水经济效益指数	城乡居民人均可支配收入增长率	河流流域范围内城乡居民人均可支配收入较上一年的增长比例
			水旅融合产品占比	区域内水利风景区、湿地公园、水上乐园等水旅融合产品在所有旅游产品中所占的比值

注　带"★"号的为需要在治理过程中特别关注的关键指标。

3.2.2　幸福程度评价体系

3.2.2.1　水灾害防御

流域防洪保安事关社会稳定和国民经济发展大局,较好的防洪安全设施和完善的防御措施是流域可持续发展的基本保障。

1. 水安全保障度

为了反映流域水安全保障情况,从防洪工程保护人口和农田面积覆盖程度进行评价,推动流域防洪能力的全面达标。计算公式为

水安全保障度＝河段达标保护人口占河段总需要保护人口比例×0.7

　　　　　＋河段达标保护农田面积占河段总需要保护农田面积比例

　　　　　×0.3

为体现不同防洪标准的区别和影响,10 年一遇及以上堤防的权重为1.0、10 年一遇以下堤防或修筑护岸的权重为0.5。

2. 河道畅通性

各涉河构筑物(堰坝、河埠、桥梁、码头、水闸等)满足防洪、排涝等要求,同时河道无明显淤积,无阻碍行洪的构筑物。该指标以定性评价为主,并分为优良、一般、差三档,其中优良得分1.0,一般的得分0.6,差的得分0。

3.2.2.2 水生态保护

1. 河道自然形态

从河流纵向连通性和河流蜿蜒度两个维度体现中小河流的自然形态情况。

（1）河流纵向连通性。对于水流连续河流，结合流域实际，确定纵向连通性等级的评价阈值标准：阻隔系数小于 0.1 为优，0.1～0.2 为良，0.2～0.5 为中，0.5～1.0 为差，大于 1.0 为劣，见表 3.2-2。

表 3.2-2　　　　　　　河流纵向连通性评价标准

阻隔系数	小于 0.1	0.1～0.2	0.2～0.5	0.5～1.0	大于 1.0
评价阈值标准	优	良	中	差	劣
评价分值	1.0	0.8	0.6	0.4	0.0

（2）河流蜿蜒度。河流蜿蜒度评价标准见表 3.2-3。

表 3.2-3　　　　　　　河流蜿蜒度评价标准

蜿蜒度	小于 1.2	1.2～1.5	1.5～2.0	大于 2.0
评价阈值标准	劣	差	良	优
评价分值	0.0	0.4	0.8	1.0

2. 堤岸生态度

$$堤岸生态度 = \sum 护岸长度 \times 护岸类型权重系数 \div 总岸线长度$$

其中，自然岸线权重为 1.0、植物护岸权重为 0.8、干砌石护岸权重为 0.6、浆砌石护岸权重为 0.4、混凝土护岸权重为 0。

3. 自然岸线保有率

自然岸线是天然的水体岸线，基本维持自然形成的状态，没有过多的人为改造。计算公式为

$$自然岸线保有率 = 自然岸线长度 \div 总岸线长度 \times 100\%$$

4. 生态基流保障度

衡量指标为重要控制断面有无可行的生态用水保障措施。对于山溪性河流，主要评价是否存在人为脱水段；对于拦河建筑物、水电站等，主要评价是否设置泄放设施，以保证河流健康和综合功能发挥所必需的水量；对于平原河网水系，主要评价水体连通流动性好坏，是否存在断头河浜等。

5. 水功能区水环境功能区水质达标率

$$水功能区水环境功能区水质达标率 = 水功能区水环境功能区水质达标河道长度$$

×水质类型权重系数

÷水功能区水环境功能区总河长×100％

为体现不同水质标准的区别和影响，Ⅱ类水质及以上权重系数为 1.0，Ⅲ类水质权重系数为 0.8，Ⅳ类水质权重系数为 0.6，Ⅴ类及劣Ⅴ类水质权重系数为 0。

3.2.2.3　水管理服务

1. 河道管理标准化达标率

河道管理标准化达标率指河道养护标准化达标河段比例，包括河道保洁、堤防工程标准化管理、河长制履职情况等。 具体分值引用河段河长制工作绩效考核结果，其中考核结果为优秀的得分 1.0，合格的得分 0.8，不合格的得分 0。

2. 河道蓝线划示率

河道蓝线划示率指河道蓝线划示工作完成比例。 要求河道管理界线清晰，无违法建筑。 具体计算公式为

河道蓝线划示率＝已划示蓝线河道长度÷区域总河道长度×100％

总河道长度一般包括区域范围内省级、市级、县级河道，以及一定范围内的乡级河道。 其中乡级河道范围为：①平原水网地区，原则上为河宽 5m 以上的河道；②丘陵、山区，原则上为集水面积大于 $1km^2$ 的河道。

3. 排水口设置达标率

排水口设置达标率是指取排水口设置达标比例，要求不存在污水直排、偷排、漏排现象，引导实现入河排污口污水零排放。 具体计算公式为

排水口设置达标率＝达标的排水口设置个数÷总排水口设计个数×100％

3.2.2.4　水宜居和谐

1. 亲水便民设施布设情况

亲水便民设施布设情况是指河流沿岸供人们休闲娱乐的滨水步道、亲水平台、人行便桥、河埠头，以及安全警示标识和安全设施等设置情况。 该指标以定性评价为主，并分为优良、一般、差三档，其中优良的得分 1.0，一般的得分 0.6，差的得分 0。

2. 景观协调程度

景观协调程度是指开展河道治理景观评价，评价需兼顾景观的客观性和景观认知的主观性特征。 评价内容包括沿岸自然景观是否优美，人工景观是

否确有需要、不造作且符合河湖实际及美观性、经济性要求，水文化挖掘保护，水景观安全性和可达性等。该指标以定性评价为主，分为优良、一般、差三档，其中优良的得分 1.0，一般的得分 0.6，差的得分 0。

3. 群众满意程度

采用群众满意程度调查问卷方式进行分析。调查内容主要涉及安全流畅、生态健康、水清景美、亲水便民、长效管护等五个方面，对河道治理成效进行全面调查摸底。选项赋值分别为满意 1.00 分、基本满意 0.65 分、不满意 0 分，不了解不计分；调查通过广泛收集群众意见，并在逐条整理汇总的基础上，从不同领域、不同区域进行梳理归纳。

3.2.2.5 水文化传承

1. 水文化遗产丰富度

根据水景观融合度 F 进行评价，当 $F \geqslant 60$ 时，流域内人文自然景观与水融合度高，全国知名度较高，得分 1.0；$40 \leqslant F < 60$ 时，流域内人文自然景观与水融合度较高，省内知名度较高，得分 0.6；$20 \leqslant F < 40$ 时，流域内人文自然景观与水融合度中等，在区域内享有一定知名度，得分 0.2；$F < 20$ 时，得分 0。

2. 水文化宣传度

水文化宣传度指该河流最近一年举办的各类水文化主题活动或媒体宣传情况报道。该指标以定量评价为主，开展活动次数达 3 次及以上的得分 1.0，开展活动次数达到 2 次的得分 0.7，开展活动达到 1 次的得分 0.4，尚未开展活动的得分 0。

3.2.2.6 水经济发展

1. 城乡居民人均可支配收入增长率

城乡居民人均可支配收入增长率指流域区域内城乡居民人均可支配收入较上一年的增长比例。增长率达 6% 及以上的得分 1.0，增长率每减少1.2%，得分减少 0.2。

2. 水旅融合产品占比

水旅融合产品占比指流域区域内水利风景区、湿地公园、水上乐园等水旅融合产品在所有旅游产品中所占的比值。水旅融合产品占比达 50% 及以上的得分 1.0，占比每降低 10%，得分减少 0.2。

3.2.2.7 评价指标权重

根据层次分析法要求，通过专家咨询和打分结合经验判断，按结构图的层次结构关系进行判别比较，分别构造判断矩阵，并计算出各指标的权重。山溪性河流和平原区河流根据各自的治理特点和治理重点，分别设置不同的权重，见表 3.2-4。

表 3.2-4　　　　　　　　　　评价指标权重系数

目标层	准则层	指标层		山溪性河流指标权重/%	平原区河流指标权重/%
河流幸福指数	水灾害防御　水安全保障指数	水安全保障度		15.0	10.0
		河道畅通性		5.0	10.0
	水生态保护　水生态环境指数	河湖自然形态	河流纵向连通性	2.5	—
			河流蜿蜒度	2.5	—
		堤岸生态度		10.0	20.0
		自然岸线保有率		5.0	—
		生态基流保障度		5.0	—
		水功能区水环境功能区水质达标率		5.0	10.0
	水管理服务　河道管护水平指数	河道管理标准化达标率		10.0	10.0
		河道蓝线划示率		2.5	2.5
		排水口设置达标率		2.5	2.5
	水宜居和谐　居民获得感指数	亲水便民设施布设情况		2.5	2.5
		景观协调程度		2.5	2.5
		群众满意程度		10.0	10.0
	水文化传承　水文化传播指数	水文化遗产丰富度		5.0	5.0
		水文化宣传度		5.0	5.0
	水经济发展　水经济效益指数	城乡居民人均可支配收入增长率		5.0	5.0
		水旅融合产品占比		5.0	5.0

3.2.2.8 幸福程度评价

利用上述评价方法计算得出河道幸福指数后，应按照得分情况进行达标程度评价。研究认为可以按照表 3.2-5 的方式认定河道幸福程度。

表 3.2-5　　　　　　　　　幸福指数评价

幸福指数	[1.0, 0.9]	(0.9, 0.8]	(0.8, 0.7]	(0.7, 0.6]	(0.6, 0)
幸福程度	非常高	较高	一般	较低	非常低

表 3.2-6　典型河流幸福程度评价成果

指标层	水灾害防御 / 水安全保障指数		水生态保护 / 水生态环境指数					水管理服务 / 河道管护水平指数			水宜居和谐 / 居民获得感指数			水文化传承 / 水文化传播指数		水经济发展 / 水经济效益指数		合计	幸福程度
	水安全保障度	河道畅通性	河湖自然形态性	堤岸生态度	自然岸线保有率	生态基流保障度	水功能区水环境功能区水质达标率	河道管理标准化达标率	河道蓝线划示率	排水口设置达标率	亲水便民设施布设情况	景观协调程度	群众满意程度	水文化遗产丰富度	水文化宣传度	城乡居民人均可支配收入增长率	水旅融合产品占比		
权重	0.150	0.050	0.050	0.100	0.050	0.050	0.050	0.100	0.025	0.025	0.025	0.025	0.100	0.050	0.050	0.050	0.050	1.000	
浒溪	0.910	0.800	0.700	0.590	0.200	0.000	0.834	0.800	0.500	1.000	0.800	0.800	0.900	0.140	1.000	0.960	0.800	0.715	一般
壶源江	0.870	0.800	0.800	0.750	0.250	1.000	1.000	1.000	0.200	1.000	0.700	0.900	0.950	1.000	1.000	1.000	0.900	0.858	较高
江山港	0.900	0.600	0.800	0.650	0.110	1.000	0.920	1.000	0.300	1.000	0.700	0.800	0.880	0.840	1.000	0.930	0.920	0.814	较高
乌溪江	0.850	0.800	0.700	0.670	0.180	1.000	0.835	1.000	0.200	1.000	0.800	0.900	0.910	0.600	1.000	1.000	0.840	0.806	较高
清溪	1.000	0.600	0.500	0.550	0.080	0.000	0.959	0.800	0.300	1.000	0.700	0.800	0.830	0.040	1.000	0.820	0.820	0.679	较低
石梁溪	0.790	0.800	0.500	0.810	0.520	1.000	0.800	0.800	0.300	1.000	0.900	0.950	0.950	0.400	1.000	0.960	1.000	0.822	较高
游埠溪	1.000	0.800	0.800	0.620	0.030	1.000	0.800	0.800	0.400	1.000	0.700	0.850	0.880	0.600	1.000	1.000	0.760	0.743	一般
临安南苕溪	0.850	0.800	0.700	0.670	0.270	1.000	0.935	0.800	0.100	1.000	0.700	0.900	0.900	1.000	1.000	0.850	0.940	0.827	较高
龙绕溪	0.870	0.800	0.600	0.620	0.100	1.000	0.800	0.800	0.200	1.000	0.600	0.800	0.870	0.040	1.000	0.880	0.880	0.746	一般

3.2.3　评价案例

　　利用治理目标评价体系，选取江山市江山港、浦江县壶源江等 9 个流域进行综合评价。 根据评价结果，浦江壶源江、柯城石梁溪、临安南苕溪流域整体较好，见表 3.2 - 6。

　　这 9 条河道的幸福程度评价结果在"一般"和"较高"之间，评价结论与老百姓的实际感受基本吻合，说明本评价体系可以用于中小河流幸福河建设目标确定的技术指引。

4 中小河流治理技术

/ 4.1 河 流 地 貌 整 治 技 术 /

4.1.1 河流地貌的概念

河流地貌是河流在运动过程中所形成的地貌形态，记录了河流的运动过程，是理解河流与河漫滩长期变化过程的关键[172]。河流地貌多样性包含三层含义：

（1）地貌种类多样性。具体表现在河谷地貌、河床地貌、河流水流形态多样及三者组合形式多样上。常见的河流地貌分为 3 种河谷地貌、15 种水流类型（图 4.1-1）、38 种河床地貌（图 4.1-2）以及人类活动形成的地貌类型。

（2）形成河流地貌过程的多样性。河流作用作为一种重要的地貌营力受到重视。在河流冲刷、搬运、沉积、淋溶作用下，沿河形成一系列水文地貌斑块。20 世纪七八十年代以来，随着人类改造和利用自然能力增强，人类活动形成的地貌引起了广泛关注。人类活动形成的地貌主要包括直接的挖掘（侵蚀）、建设（堆积）形成的河流地貌和间接地影响侵蚀与堆积过程形成的河流地貌。人类活动过程形成的河流地貌过程往往叠加在河流自然地貌过程上，产生叠加效应。

（3）地带性。即河流流经不同自然带，使河流地貌也具有一定的地

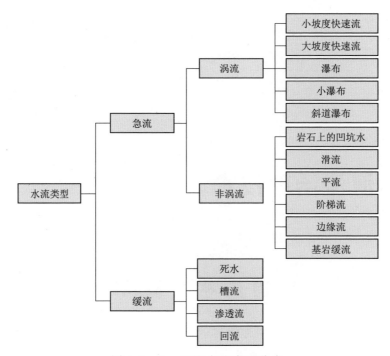

图 4.1-1 河流水流类型分类

带性。

自然河流的纵断面通常表现为深浅交替的浅滩和深潭。浅滩和深潭可产生缓流、急流等多种水流条件，能形成丰富的生物群落。浅滩段增加的紊动能促进河水加强充氧，其砂砾底层是很多水生无脊椎动物的主要栖息地，也是鱼类觅食的场所和保护区；深潭还是鱼类的越冬区和缓慢释放到河流的有机物储存区。水流形态与河床地貌的多样性构成了河流栖息地的多样性，栖息地多样性是生物群落多样性的基础。什么样的栖息地造就什么样的生物群落，二者不可分割。

目前，地貌学家从水流形态出发，定义了物理栖息地，主要有深槽、浅滩、缓流、急流、岸边缓流和回流等河床地貌类型。

为了定量化表征河流地貌多样性，可借鉴香农指数表示形式，建立河流地貌多样性指数，其计算公式为

$$F_{\text{GID}} = -\sum_{i=1}^{s} P_i \log_2 P_i \qquad (4.1)$$

式中：S 为河流地貌类型总数；P_i 为第 i 种河流地貌类型单元占总河流地貌类型单元的比例。

式（4.1）取值范围在 0～1 之间，数值越高代表河流地貌多样性越高。

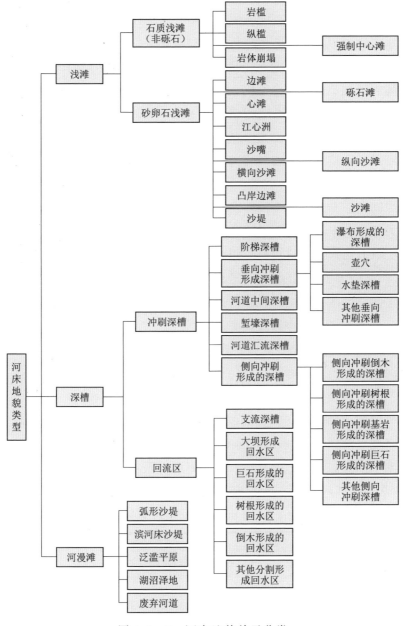

图 4.1-2　河床地貌单元分类

4.1.2 河流地貌治理原则[173]

1. 增加河水在陆地上的流动时间

河流中水流流速小于 3m/s（洪水时也是如此）时，最利于水生物的生存，大多数水生物都生活在低流速的水域中。增加河水在陆地上的流动时间可以为水生物种提供更多的栖息地，并有利于人们对河流的利用。可以通过延长河道或降低流速来实现这个目标。而河道渠化、河岸硬化、裁弯取直和清障减糙等工程不符合这个原则。裁弯取直集中了水流能量，引起河道冲刷和河岸侵蚀，导致河道不稳定和破坏水生栖息地。光滑河岸相对于自然河岸糙率要小很多，导致近岸流速提高，威胁河岸和大堤安全。滩地植被可以降低洪水流速，延长洪水推进时间。

2. 降低产沙和输沙

山区河流在一定条件下能够发育出自然的阻力结构，如阶梯-深潭系统、肋状阻力结构、岸石结构以及满天星结构等。比降在 0.5%～3% 之间的河流，肋状阻力结构很容易发育，卵石和大石块交错分布成肋状，从岸边向河道延伸。比降大于 3% 的河流，阶梯-深潭结构较容易发育。阶梯-深潭系统还提供了多样性的生物栖息地，在许多国家，人们利用人工阶梯-深潭系统来稳定山区河道和进行生态修复。

3. 提高生物栖息地的多样性和连通度

河流栖息地的主要物理特征包括底质、水深和流速三个方面。不同的特征支持不同的生物群落，特征多样化也意味着生物的多样化。

发育阶梯-深潭系统的河流底栖生物密度和物种数明显高于河床坡度相似但没有发育阶梯-深潭系统的河道。

云南小江支流深沟、蒋家沟、小白泥沟以及四川九寨沟和金沙江的野外调查发现，发育阶梯-深潭系统的深沟和九寨沟底栖动物密度高达 552 个/m^2，生物量高达 5.96g/m^2；而邻近没有发育阶梯-深潭系统的小白泥沟和蒋家沟底栖动物密度仅仅 0.75 个/m^2，生物量不到 0.006g/m^2 [46]，说明阶梯-深潭系统对河流生态具有显著促进作用。

4. 保持和恢复河流的自然景观

河流在流动中塑造出千姿百态的地貌，称为河流的自然景观。河流的自然景观是大自然赐给人类的礼物，河流的自然景观恢复成了公众关注的话题。

河流渠道化、河床过水断面规则化以及岸坡的硬质化改变了自然河流的水流边界条件，引起了流场诸多水力因子及底质条件的变化，可导致河流生态系统结构功能发生变化。当流态变化过于剧烈时，生物将不能进行有效的自我调节，从而对其生长、繁殖等生活史特征构成胁迫。特别是河床、岸坡的硬质化对于底栖无脊椎动物的胁迫作用更为明显，其栖息地条件因河底渗流通道被截断，导致氧气和营养物质供给中断，致使底流区生物受到严重影响[174]。

生物生活史特征既受水力条件的制约，又具有对水力条件的适应性。对栖息环境适应的概念是生理生态学的核心[175]。

目前学术界大多将栖息地分为两种类型：一类是生态学家定义的栖息地单元——功能性栖息地（functional habitats）；另一类是地貌学家定义的河道内物理栖息地单元——水流生境（flow biotopes）或物理栖息地（physical habitat）。功能性栖息地以河流中的介质为研究对象，由底质和植被类型组成。常见的功能性栖息地种类有无机类（岩石、卵石、砾石、砂、粉砂等）和植物类（根、蔓生植物、边缘植物、落叶、木头碎屑、挺水植物、阔叶植物、苔藓、海藻等）。功能性栖息地的研究方法是通过无脊椎生物取样，然后作统计分析得出栖息地类型出现的频度与生物量（或生物多样性）之间的关系。

物理栖息地的研究对象为水流的形态（flow regime），是通过水力测量，根据水体流动的类型和特点定义的。影响流态的因子有水深、流速、河床糙率、坡降及河床底质结构等，根据这些因子可以对流态进行分类。常见的物理栖息地类型有浅滩（riffles）、缓流（slow run）、水潭（pool）、急流（rapids）、岸边缓流（slack）和回流（backwater）等。

功能性栖息地适用于研究未受人类干扰的自然或半自然状态的河流，而物理栖息地则适用于研究任何状态的河流[176]。

4.1.3　河流地貌形态保护与修复技术

由人类活动引起的地貌形态受损导致鱼类及其他水生动物迁徙受阻、河湖生态系统退化时，应进行河湖地貌形态保护与修复。由不透水堤防、护岸、闸坝等工程导致河湖横向、垂向连通性和渗透性中断，引起河湖洪水漫溢过程阻断、栖息地条件恶化、水生生物多样性下降等现象时，应进行河湖生态连通性修复。当河湖内水深、底质、流速条件单一，不满足洄游鱼类洄游或多种生物适宜栖息地要求，栖息地多样性和复杂性条件降低或丧失时，需采取微生境改善技术。

4.1.3.1 水系生态连通修复

水系生态连通包括水系物理通道连通和水文连通，物理连通性是河道与河漫滩之间物质流、能量流、信息流和物种流保持畅通的基本条件，也是水生态系统结构参数之一；水文连通保证了注水和泄水的畅通，维持着湖泊最低蓄水量和河湖间营养物质交换。

纵向连通包括河流支流与干流的连通、支流与支流的连通、河流与河口湿地连通等；横向连通包括河流与湖泊的连通、河流与沼泽的连通、河流与蓄滞洪区的连通、河流与河流滩地的连通以及河流与水田湿地的连通等；垂向连通包括河湖水系地表水与地下水之间的连通；时间维连通指的是水系在一个水文周期内呈现出的连通、不连通、半连通等动态特征。 纵向连通技术包括河道蜿蜒性修复技术、河流旁路生态河道建设技术、过鱼设施设置技术、可装卸式多组合生态净水堰技术、废弃闸坝拆除技术等；横向连通技术包括河道滩区系统连通技术和生态护岸技术等；垂向连通技术包括生态清淤技术、拟自然减渗技术、河床底质改善技术等。

水系生态连通度可以采用定性和定量方法计算。 定性分析：利用河流地貌调查方法进行地貌特征的定性描述或通过水文情势数据的分析间接反映河湖水系的连通性。 定量分析：在流域、区域、河流廊道和河段等不同的空间尺度上选择指标进行计算（表 4.1-1）。

表 4.1-1　　不同空间尺度河湖水系生态连通度指标公式

指标名称	指标公式	指标介绍	备　注	尺度
水文连通性指数 HC	$HC_1 = AI$ $HC_2 = \dfrac{E}{d}$	该指标可定量表征水系在水文上的连通性强弱	A 为连通区域的面积；I 为物质运移速率；E 为连通水系的机械能；d 为相邻的两个连通水系的距离	流域
城市生态网络连接度指数 C	$C = \dfrac{L/P}{nH} = \dfrac{L/\xi}{\sqrt{nA}}$	该指标可定量表征城市规划区域内各节点依靠廊道相互连通的强度	L 为规划区域内廊道的总长度；A 为区域面积；n 为区域内应连接的节点数；H 为相邻两节点的平均空间直线距离；ξ 为规划区域内城市生态网络的变形系数	河流廊道

指标名称	指标公式	指标介绍	备注	尺度
河流水文 连通性 C_{EN}	$C_{EN} = \dfrac{E_a}{E_p}$	该指标可定量表征河网内河流的水文连通性强弱	E_a 为活动河网的边数，E_p 为河网的总边数。 活动河网通常是指可产生径流并能达到流域出口断面的河道。活动河网的边数 E_a 与河网的总边数 E_p 的数据可通过 ArcGIS 中属性表字段分析计算得到	河流廊道
河流连通性 E	$E = w_1 D + w_2 C_{EN}$	该指标通过赋予不同的权重来定量表征河流的连通性	w_1、w_2 为权值，根据平原水网区水文特征与不同等级河道水流特性来确定。 （1）对于区域控制河道和主干河道，河道水流阻力对河道输水泄洪能力及水系连通性影响较大，则 D 赋予较大的权重。 （2）对于一般河道，河网的产汇流过程对河道输水泄洪能力及河流连通性影响较大，则 C_{EN} 赋予较大权重	河流廊道
河网水系 连通度 F	$F = \dfrac{1}{A} \sum_{i=1}^{n} l_i p_i f_i(c_i)$	该指标可基于河网水系的自然属性和社会属性对平原河网区水系连通性进行评价	A 为河网覆盖区域面积；n 为河网中的河段总数量；l_i 为河段的长度；p_i 为重要度（重要性）；c_i 为其过水能力；$f_i(c_i)$ 为过水能力指数	河流廊道

续表

指标名称	指标公式	指标介绍	备 注	尺度
水系环度指数 α、节点连接率 β、水文连通度 γ	$\alpha = \dfrac{n-v+1}{2v-5}$ $\beta = \dfrac{n}{v}$ $\gamma = \dfrac{n}{3(v-2)}$	水系环度指数 α 是表征河网水系实际成环水平的指标，主要反映水系中每个节点的物质能量交换能力。节点连接率 β 是表征河网水系中每个节点与周围水系连接能力强弱的指标，主要反映水系中每个节点连接水系能力的强弱。水文连通度 γ 是表征河网水系中廊道之间相互连接能力强弱的指标，是实际连接廊道数与最大理论连接廊道数的比值。该指标主要反映水系之间连通性强弱和水分输移能力	n 为研究区域中的水系个数；v 为研究区域中的节点数，其中节点主要是指河流的起源和交汇点	河流廊道
纵向连通性 G_1	$G_1 = \dfrac{N}{L}$	G_1 表征河流系统内生态元素在空间结构上的纵向联系，可由以下几个方面反映：水坝等障碍物的数量及类型，鱼类等生物物种迁徙的顺利程度，能量及营养物质的传递	G_1 为河流纵向连通性指标；N 为河流的断点或节点等障碍物数量（如闸、坝等）；L 为河流的长度，指规划河段从河流最下游控制性枢纽工程到最上游生态敏感区之间的河道长度	河段
横向连通性 G_2	$G_2 = \dfrac{A_1}{A_2} \times 100\%$	G_2 表征河流横向连通程度，反映沿河工程对河流横向连通的干扰情况	G_2 为横向连通性指标；A_1 为河道岸坡（堤坡）通透面积；A_2 为河道岸坡（堤坡）总面积	河段

4.1.3.2　平面形态修复

河道的平面形态可以分为蜿蜒型、微弯顺直型和分汊型，其中分汊型又可分为辫状型、网状型和游荡型。河段是顺直还是弯曲可用弯曲率判断，弯曲率是指沿河流中心线两点之间的长度与这两点间直线距离的比值。如果弯曲率在1.00~1.05范围内，属于直线型河道；在1.05~1.35范围内，属于微弯型河道；在1.35~3.00范围内，属于蜿蜒弯曲型河道。微弯型河道多出现在河流的上中游，而在宽阔、平坦的下游地区多为蜿蜒型河道（图4.1-3）。

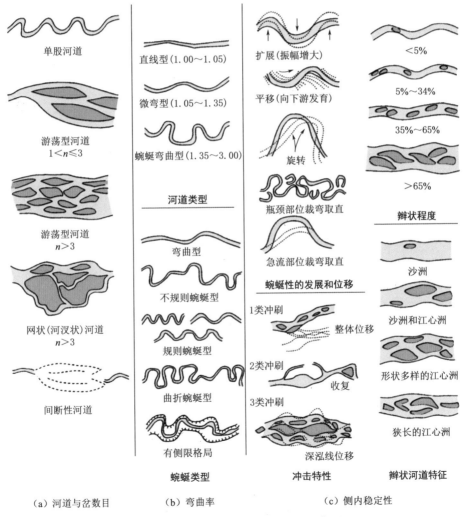

（a）河道与岔数目　　　（b）弯曲率　　　（c）侧内稳定性

图4.1-3　河流平面形态分类示意图

平面形态参数确定方法可采用复制法、应用经验关系法、参考河段法及自然恢复法。对人类活动引起的河道平面发生变化的河流，可采取复制法进行平面形态参数确定，修复时对人类活动干扰区域进行拆除还原，并尽量修复成干扰前的河道蜿蜒模式。对干扰成因复杂的河道，可利用平面河相关系公式，利用经验关系法进行平面形态参数确定。修复时可采用航拍等手段对待修复范围的蜿蜒模式进行调查，建立河道蜿蜒参数与流域水文和地貌特征关系，进行河道蜿蜒度变化成因分析，确定修复后的河道蜿蜒程度和平面形态。相邻流域河流平面蜿蜒程度设计可参考临近流域流量、地貌条件相近的河段蜿蜒模式。对现状受人为活动干扰较少的河流，可利用自然恢复法对河道平面进行适当调整，利用水流自然冲刷能力使河道达到设计平面形态。

可利用挑流丁坝调整河床平面形态。挑流丁坝应用于纵坡降缓于2%，河道断面相对比较宽而且水流缓慢的河段，可沿河道两岸交叉布置或成对布置。对自然形成的浅滩应加以保护，不建议在此类区域修建挑流丁坝。

挑流丁坝布置如图 4.1-4 和图 4.1-5 所示。

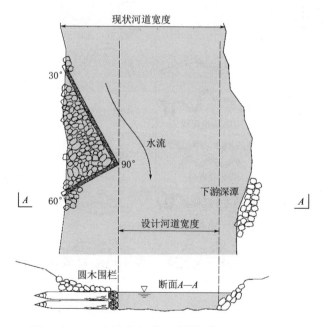

图 4.1-4　布置在河岸一侧的挑流丁坝示意图

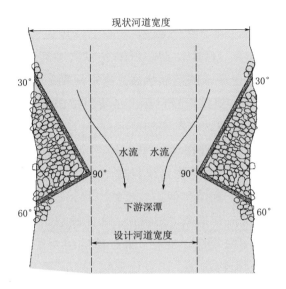

图 4.1-5 布置在两岸的挑流丁坝示意图

挑流丁坝可采用圆木或块石建造，也可以采用石笼或在圆木框内填充块石的结构型式；上下游两个挑流丁坝的间距至少应达到 7 倍河道平滩宽度；丁坝向河道中心的伸展范围要适宜，对于小型河流或溪流，挑流丁坝顶端至河对岸的距离即缩窄后的河道宽度可在原宽度的 70%～80% 范围。

挑流丁坝轴线与河岸夹角应通过论证或参考类似工程经验确定，其上游面与河岸夹角一般在 30°左右，要确保水流以适宜流速流向主槽；其下游面与河岸夹角约 60°，以确保洪水期间漫过丁坝的水流流向主槽，从而避免冲刷该侧河岸。为防止出现此类问题，可在挑流丁坝的上下游端与河岸交接部位堆放一些块石，并设置反滤层，以起到侵蚀防护的作用。挑流丁坝顶面一般要高出正常水位 15～45cm，但应低于平滩水位或河岸顶面，以确保汛期洪水能顺利通过，且洪水中的树枝等杂物不至于被阻挡而沉积，否则很容易造成洪水位异常抬高，并导致严重的河岸淘刷侵蚀。

4.1.3.3 河滨带和湖滨带保护与修复

河滨带和湖滨带保护与修复应以河道全流域、全湖湖滨带为单元，按照规划水平年，根据区域开发建设强度、土地利用现状与总体规划等，将河湖岸线分为城镇段和乡村段，明确河湖岸线分区方案与管控目标，保护、培育、修复生态系统，保护与修复河滨带和湖滨带。对于人类活动较为频繁的城镇河道、湖泊，应通过工程、非工程措施和管理措施的实施，在人与自然和谐共生的前提下进行污染防治，保护、培育、修复生态系统。对于人口密度小、土地资源相对丰富、污染负荷较低的乡村流域河段，应采用近自然工法，使河湖的状态接近于原本的自然状态，恢复河湖的生态系统平衡。地方政府已明确管控目标的，复核管控目标，必要时提出管控目标的修改意见和建议，不需调整的执行地方政府制定的目标。

河滨带保护与修复宽度宜在 20～120m，其保护与修复包括生境营造设计、陆域植物群落恢复、水生植物系统构建等内容，生态修复工程可持续运行的周期宜不少于 2 年。河滨带保护与修复工程设计应符合以下要求：

（1）生境营造设计应包括微地形营造、人工栖息地营造等内容。

（2）陆域植物群落恢复应包括乔、灌、草的组合配置。具体设计中尽量保存和利用原有河道植物群落，以乡土植物为主，慎重引入外来物种；植物搭配组合要丰富，平面上要形成乔、灌、草错落有致、季相分明的多层次立体化结构，纵向上构建水陆梯度变化的植物群落；植物物种选择要与周边用地类型相适应。

（3）浅水区水生植物系统构建应包括挺水植物、漂浮植物和沉水植物。具体配置中要优先选择土著种，慎用外来种；优先选择耐污、净化力强和养护管理简易的品种；水生植物配置应结合河道功能定位，充分考虑景观观赏性。

4.1.3.4　断面多样性修复

断面多样性修复应以改善河湖生态系统结构、充分发挥多元性栖息地功能、提高生物群落多样性为目的，包括河流纵断面坡降确定、横断面多样性改善、深潭浅滩序列布局等。

河道应避免采用单一纵向坡降，并与河道内栖息地加强结构相结合，技术条件复杂的河道整治或重点工程应通过河工模型试验验证。当采用多级跌水调整纵坡时，单级跌水高度不宜超过 0.3m。河道坡降可通过以下途径确定：

（1）河流水沙条件变化不大的河道，可参考过去成功的经验。

（2）如在修复工程附近存在一段天然河道，并且具有近似的流量和泥沙特征，可以参考该河段的坡降。

（3）根据待修复河段附近的河谷坡降和蜿蜒度确定河道坡降。

进行河道实地测量时，应选择横断面上深泓位置作为测量点，测量范围要扩展到待修复河段的上下游 50～200m，要包括深潭、河漫滩和已建工程。

横断面多样性修复应综合考虑河道平面形态、河段功能、河漫滩分布、泥沙淤积情况、水面宽度等因素，设置主河槽、河漫滩、过渡带等多种地貌形态，避免采用规则几何断面，断面疏挖需与河道疏浚等需求相结合。河道横断面设计应先确定河流平面形态，然后选择适宜的河床形态（如深潭、浅滩、边滩等地貌单元的合理分布），最后再确定河道的宽深比。也可根据河流分类模式参考类似河流或河段的资料，或根据经验关系（如流域面积与宽深比的关系）来确定，也可根据水力学相关经验公式进行计算。在技术条件允许的情况下，还可根据平滩流量进行河相关系分析。以复合型断面为典型断面，在满足设计洪峰流量和平滩流量基础上，对典型断面进行局部调整，以形成多样化的横断面形态，调整后的横断面应具有主河槽、河漫滩、过渡带等多种结构（图 4.1－6）。

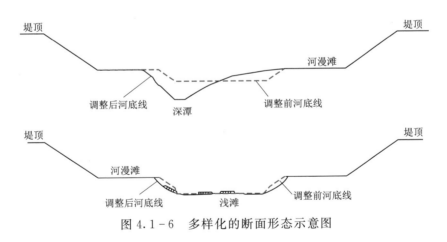

图 4.1－6　多样化的断面形态示意图

在河流整治工程中，宜设置合理的深潭-浅滩序列，利用水流对河道岸坡侵蚀的作用使河流向自然弯曲的形态发展。许多渠道化或退化的河流不再具有足够的河流能量或泥沙来量来恢复自然河流深槽-浅滩序列，只能由人工恢复。深潭和浅滩的设计包括断面宽度、位置、占河流栖息地百分比及河床底质的确定等（表 4.1－2）。把河道设计成自然弯曲形态的同时，可采取适当的岸坡加固措施。深潭和浅滩的功能包括生态功能、水质净化功能和娱乐休闲功能。

表 4.1-2 河床浅滩底质设计步骤及方法

步　骤	方　法
确定恢复目标	根据防洪、排涝、景观、生态等功能确定
确定现有河道底质的状态和特征	根据地勘资料确定现有河床底质各物理力学指标及冲淤情况，根据地貌条件确定现有河道平面形态、渠化情况及存在的问题，同时对附近冲淤平衡的稳定河段的底质条件进行调查分析
待恢复河段的底质条件评价	对底质冲淤情况进行分析预测，根据河流底质物理力学指标确定需采取的稳定措施，河流底质设计应满足冲淤平衡，同时符合当地景观、生态等要求
当地材料选取	论证材料选取的经济性和可行性

人工建立深槽-浅滩序列应考虑：①选择水流分选好的细小颗粒创建一个浅滩表面，将深槽移出的材料暂时存储在浅滩；当使用大型材料时应确保稳定性；不能形成自然的河床底质状况，就不能提供良好的水底栖息地或产卵条件；②在高能量环境下构建浅滩可能需要使用拦截石来避免冲刷破坏；创建一系列的拦截石坝，一些拦截石可做自然调整；在下游河段末端可使用单个拦截坝阻止砂砾损失；③弯曲河段，在弯曲段与弯曲顶端之间挖掘深槽；浅滩应位于弯曲段，围绕或刚好在弯曲变形点的下游；④顺直的河道，在河道深泓线上挖掘深槽，中间由浅滩隔开；⑤浅滩间距宜为 3～10 倍河道宽度，但应避免规则的间距；⑥深槽应该至少 0.3m 深；⑦深槽应逐渐过渡到下一个浅滩，上游最深点是深槽长度的一半，且泥沙应该是松散的；⑧季节性河流，由于属于多沙河流或河岸不稳定、坡降大，通常很难创建深槽和浅滩[177]。

深潭-浅滩间距由下式确定：

$$L_r = \frac{13.601 w^{0.2894} d_{r50}^{0.29}}{S^{0.2053} d_{p50}^{0.1367}} \qquad (4.2)$$

式中：L_r 为沿河道两个浅滩之间的距离，m，为河段长度与浅滩数量的比值，一般情况下，近似为弯曲河段的弧长；d 为河床颗粒直径，mm，下标 r 和 p 分别指深潭和浅滩材料；w 为河道平均宽度（上口宽、水面宽），m；S 为河段平均坡降。

在河流整治工程中，深潭多位于弯曲段的顶点，可占到河流栖息地的 50% 以上；在水深大于 0.3m 的流量条件下，宜比相关联的浅滩断面窄

25％。 浅滩与深潭相同，一般位于河流蜿蜒段，占到河流栖息地的30％～40％，宜比相关联的深潭断面宽25％，浅滩高出河床的高度不应大于0.3～0.5m，顶高程的连线坡度应与河道坡降一致。 建议浅滩上游面坡度在1∶4左右，下游面坡度在1∶20～1∶10之间，且下游面应设置间距大于20cm的表层块石，以保证鱼类顺利通过。

砂质河床控制河床侵蚀可采用大型圆木作为浅滩材料，圆木浅滩的高度以不超过0.3m为宜，以便于鱼类的通过。 可采用木桩或钢桩等来固定圆木，并用大块石压重，桩埋入砂层的深度应大于1.5m。

4.1.3.5　河道内微生境改善

河道内微生境改善技术是指通过改变河道坡降及流场的局部特征，调整河道泥沙冲淤变化格局，形成河道内多样化的栖息地结构和过程特征，并利用特征结构物增强水域栖息地功能的一系列技术。

河道内微生境改善可采用固床技术，固床技术的主要作用是降低河水流速、防止河床淘刷和稳定河床等，可分为阶梯式固床技术和石梁式固床技术。

阶梯式固床技术适用于河床淘刷严重、紊流突出的河槽。 采用嵌石阶梯设计，对水流有消能效果，可保护下游河床结构，并调整河床坡降，自然景观效果好并可与两岸亲水设施相配合。 设计时，每一块石嵌入深度为其高度的2/3，踏步台可连接两岸作为亲水设施，阶梯式的下游面平均坡度宜缓于13％（约1∶8），阶梯间的高差以不超过30cm为宜，阶梯的外缘可镶嵌较大块石，并应高于内侧，使每阶间有足够的水深，以利于鱼类洄游通过（图4.1－7）。

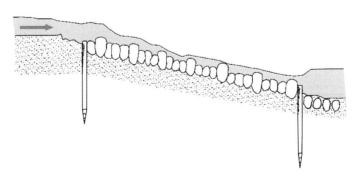

图4.1－7　阶梯式固床技术

石梁式固床技术适用于常流水、河床坡度较缓并且较稳定的河段,以大型天然石块构筑于河中形成横向构筑物。 设计时应注意:避免全断面阻水,应留有高度较低的水路,以利于水生动物在上下游的迁移;石梁与护岸连接处应嵌入护岸,以抵抗水流冲击力;在坡度较陡处可连续设置,形成阶梯式落差,使上游流速降低,增加泥沙沉降,具备拦沙及稳定河床的功能(图4.1-8)。

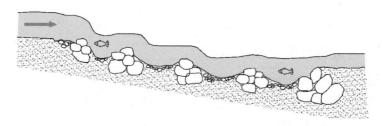

图 4.1-8　石梁式固床技术

4.2　生态堤岸技术

4.2.1　生态堤岸技术概述

4.2.1.1　生态堤岸的定义

对于生态堤岸,业内还没有一个明确的定义,本书认为生态堤岸是指满足河道主要生态功能需要并未对河道横向连通性产生实质性阻隔的堤岸。与堤岸有关的河道主要生态功能包括漫溢、提供水陆交错带生境、生物通道。

4.2.1.2　现有生态堤岸建设形式

生态堤岸是能营造良好的生物共存环境、具有良好生态景观的近自然的河岸结构。 生态堤岸建设中常采用植物措施、干砌石、堆石、垒石、卵石、多孔隙预制块、松木桩、石笼、植生混凝土、柴排、生态土工袋、土工织物及其多种组合。

1. 植物措施

(1)主要作用。 传统的堤岸结构对岸坡进行硬化和白化,既不美观又不利于生态。青山绿水不仅是人类对环境的美好追求，更是河流生态环境改善的体现。保持河岸的绿色，植物措施是必然的选择。植物措施除了具有较好的景观效果，给人以美的享受外，对生态的贡献也很大，主要表现在：①具有为河岸生物提供能量和物理栖息地的功能，为水生生物提供有机物和食物，为水面提供遮阴、为河岸提供遮蔽条件，为河流和河岸生物提供栖息地空间；②植物根系能固土护坡，消减能量，防止水流和波浪冲刷岸坡，防止水土流失，维持河岸稳定；③拦截水流和泥沙，吸附微生物和生物膜，净化水质；④截留径流、削弱雨滴溅蚀和增加入渗，降低暴雨对坡面的侵蚀作用，改善河道水文条件。

（2）植物堤岸的抗冲性能。植物的抗冲能力与植物的种类、郁闭程度以及土壤条件有关，目前主要参考试验和经验确定。根据浙江省的有关试验（图 4.2-1），草皮历时两天的抗冲流速可以达到 $1\sim3\mathrm{m/s}$，通过三维土工网加筋，抗冲流速可以达到 $2\sim4\mathrm{m/s}$。国外的抗冲试验表明，植物在水深较大的情况下可以达到 $6\mathrm{m/s}$ 的短期抗冲流速，对历时两天的水流也能承受 $4\mathrm{m/s}$ 的流速。

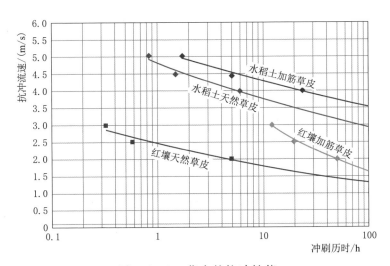

图 4.2-1 草皮的抗冲性能

[源自浙江省科技厅科技项目 2003F13011 "生态护坡在河道整治工程的应用" 中的成果（浙江省水利河口研究院 2006 年 1 月）]

2. 干砌石、堆石、垒石、卵石

干砌石、堆石、垒石具有一定的抗冲能力，属多孔隙结构，可为水生生物提供栖息生存的空间，维持土壤与河流的联系。 泥沙沉积后，又可以长出植物。 河道工程应用中，常常布置在常水位附近及以下，保护堤脚不受冲刷。 干砌石和堆石，除使用比较规则条石或块石及景观石外，本身美观程度不高，常常在其上覆土和周边种植植物，增强其景观功能。 卵石与干砌石和堆石基本类似，但其抗冲能力更弱。 卵石具有朴素的自然美，在水流流速较小的部位使用具有较好效果（图 4.2-2 和图 4.2-3）。

图 4.2-2　丽水丽阳坑堆石堤岸

图 4.2-3　云和安溪干砌石、垒石堤岸

3. 多孔隙预制块

多孔隙预制块种类多样，主要采用混凝土预制成各种形状。 其形状、大

小、单重与抗冲要求、生态要求、景观要求以及施工方便程度有关。 预制块形状根据需要有长方形、球形、鱼巢形及各种不规则形状等，具有透水性，有利于为水生生物提供栖息地和生长空间，同时具有较强的抗冲能力，且方便施工，是良好的生态堤岸材料（图4.2－4）。

图4.2－4 平湖河田港预制块堤岸

4. 松木桩

松木桩为天然材料，常常用于护脚堤岸，施工方便，具有一定的抗冲能力，同时美观自然。 但松木桩耐久性差，容易腐烂，使用时应保持其在一定的水深之下（图4.2－5）。

图4.2－5 路桥南官河松木桩堤岸

5. 石笼

石笼是把块石、卵石、漂石等松散材料放入用具有一定抗拉强度材料做成的笼箱或网兜内形成的堤岸防洪材料。由于单体重量大，柔韧性强，透水性好，抵抗水流冲刷和波浪淘刷的能力强，常常用在水流冲刷较强的部位。由于石笼上面覆土或河流泥沙沉积，可以长出植物，大大增强了石笼的景观性。在一些水位变幅大、冲刷强的部位，石笼往往能够起到较好的生态景观效果。石笼施工方便，属柔性结构，变形性能好，对岸坡和地基沉降变形有较好的适应能力，抗震性能好。根据石笼的使用部位，分为石笼格宾和石笼护垫两种。石笼格宾一般应用在堤防的防冲大方脚，或者直接采用石笼格宾堆砌成挡墙使用。石笼挡墙尺寸按重力式挡墙进行设计，常用的石笼格宾单元规格有 1m×1m×0.5m、1m×1m×1m、2m×1m×0.5m、2m×1m×1m等，根据挡墙的尺寸进行组合。石笼护垫一般作为护坡使用，一般厚度为 0.2～0.5m，其上一般覆土种植植物，植物生长后根系扎入石笼的孔隙中（图 4.2-6）。

图 4.2-6 杭州市象山浦石笼挡墙堤岸

6. 植生混凝土

植生混凝土又称为生态混凝土，内部存在着大量的连通孔隙，孔径在微米级至毫米级之间变化，可广泛应用于水污染控制工程、河湖岸坡堤岸工程及生态修复工程。

生态混凝土护砌河道的护砌面植被生长状况和微生物富集效果与生态混

凝土预制砌块组合的空隙率相关，空隙率越大，植被生长越茁壮，微生物富集效果越好，相应的水质改善效果越好（图4.2-7）。

图4.2-7　桐庐县分水江植生混凝土堤岸

7. 柴排

柴排是将较大的树枝扎成树排，内侧裹块石，外侧用铅丝、树枝等扎成整体而形成的堤岸防护材料，用于护坡、护脚，有减缓流速、促淤护滩的作用，同时具有调节河床形状，增加水生生物栖息地的作用。柴排维修加固简单、取材方便，但也存在易腐烂的问题，应设置在常水位以下或河床内，如图4.2-8所示。

图4.2-8　嘉善北姚浜柴排堤岸

8. 生态土工袋

生态土工袋是从国外引进的产品，是由特制的抗老化土工布制成的具有一定强度和形状的土工袋，在袋子中充填土方，有条件的可适当掺入砂砾以改善土的种植性能，同时根据现场土壤情况确定有机肥的种类和掺入量。生态土工袋填充后的尺寸一般为 600mm×300mm×150mm（长×宽×高），以代替一般的堤岸砌石或砌块，袋子与袋子之间用特制的连接件连接成整体。袋子中的土可以长出植物，具有较好的生态景观效果；植物根系将袋子缠绕并扎入其下土层，起到锚固加筋作用，植物发达的根系与坡体结合成整体，具有较好的抗冲性能。同时生态土工袋堤岸属于柔性结构，对沉降有较好的适应能力。目前生态土工袋在水利工程中主要用于护坡和挡墙，挡墙砌筑一般按照加筋土挡墙的原理进行。

生态土工袋的植物种植有两种形式：一种是把种子直接拌和或播撒在袋中土内，种子发芽后从土工袋的孔隙中长出。这种方式种子初期受到袋子的保护，有利于发芽和生长，早期具有一定的防冲能力。另一种方式是在土工袋上覆薄土，然后播撒种子，种子发芽后根系进入土工袋中（图 4.2-9）。

图 4.2-9　杭州紫金港河生态土工袋堤岸

9. 土工织物

土工织物在堤岸工程中的应用比较广泛，主要起到反滤、隔离和加筋作用。目前在护坡中应用较多的有三维土工网草皮护坡、土工格栅草皮护坡、土工布草皮护坡，通过草皮根系与土工织物的相互缠绕作用，提高草皮的整体性，分散、均化了水流对草皮的作用力。土工织物具有良好的透气作用，可有效改善植物根茎的微观生存环境，有利于植物的生长发育，从而提高草皮的抗冲消能。土工织物在堤岸挡墙中主要用作挡墙的加筋体，如土工格栅，利用土与土工格栅的相互作用，提高了土体的综合强度，减少了土压力，从而保持挡墙的稳定。利用土工织物的反滤、隔离作用，可以有效防止水土流失和冲刷（图 4.2-10）。

图 4.2-10　诸暨浦阳江防洪堤定荡畈段
土工织物堤岸

4.2.2　新型河道生态护坡技术

近年来，随着浙江省美丽河湖建设的推进，在河道治理过程中，生态护坡的利用越来越广泛，常用的有生态金属网垫、加筋麦克垫护坡、三维土工网护坡、生态护坡等，但其缺点很明显，有的抗冲能力较弱、有的经济性较差、有的需要频繁养护等。因此，对新型河道生态护坡型式的研究显得越来越重要。

本书通过基础理论研究以及大量工程实践，提出一种新型河道生态护坡型式——生态块石护坡，其结构为以块石为主体，在孔隙内填充土壤，通过种植草本植物进一步强化护坡的抗冲能力。

4.2.2.1　技术要点

（1）设计一种新型河道生态护坡结构。这种新型河道生态护坡结构需要具备以下几个特点：①兼具抗冲性及生态性；②材料不具有特异性，可根据各地区情况调整；③易于推广、便于施工。

（2）设计一种护坡抗冲刷试验方案。该方案需要：①能够按 1：1 比例较好地还原河道护坡冲刷情况；②需具备较稳定的恒定水流条件；③试验方案应包括多种试验分组，可以对不同结构、不同流速等情况进行对比试验。

（3）通过试验结果推寻结论。主要结论应包括：①该种新型河道生态护坡结构的最优结构配置、产品特性、适用流速；②该种新型河道生态护坡结构的施工方法；③该种新型河道生态护坡结构的进一步研究方向。

4.2.2.2　主要创新点

（1）设计、发明一种以土、石料、植物为主体的泛用性生态护坡结构，摆脱近十几年来生态护坡在结构安全方面对于厂家产品的依赖，兼顾生态性、安全性及经济性，可在全省范围内推广使用。

（2）设计一套成熟的试验装置及方案，形成一套适用于各类护坡抗冲刷试验的系统，为后续研究奠定基础。

4.2.2.3　试验设计

1. 主体结构型式

结合工程实际，其结构以块石和土为主体，厚度一般在 35～45cm，在块石孔隙内填充土壤，通过种植草本植物进一步强化护坡的抗冲能力（图 4.2-11）。

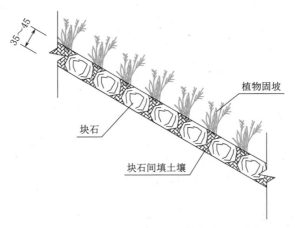

图 4.2-11　新型河道生态护坡主体结构（单位：cm）

2. 植物对边坡的影响

植物是生态护坡的重要组成部分，不仅可以提升河道的整体效果、增强河道观赏体验，其本身也具有一定的边坡防护能力。

（1）防护机理。 在河道径流作用下，草皮对边坡的保护主要体现在以下方面：

1）植被增加了坡面的糙率，增加了坡面径流阻力，降低了流速。

2）草本植物分蘖多，丛状生长，水流在草丛中受到茎叶的阻载和分散，迂回流动，流程增大，水力坡降减少，水流的作用力被分散和消耗在覆盖的茎叶中，地表覆盖物基本承担了原来作用在土壤颗粒上的力，削弱了径流的侵蚀能力。

3）草本植物的根系对土壤起到加筋和锚固作用，土壤颗粒之间的相互连接增强，土壤的物理力学性能改善，从而提高了土壤的抗冲蚀能力。

4）草本植物的截留径流、削弱雨滴溅蚀和增加入渗、消减超渗径流的功能，能有效降低暴雨对坡面的侵蚀作用，起到保护边坡的作用。

（2）破坏机理。 工程实践表明，植物的防护作用存在一定的流速阈值，当流速超出一定范围时，会造成植物的破坏及边坡土壤的流失。

1）草本植物叶系发达，当出现高流速、大流量的洪水时，其叶系很容易倒伏，并受水流作用力出现脱离趋势。 当水流作用力超出阈值时，对于根系较发达的植物，会造成植物茎叶的破坏，致使植物茎叶的防冲效果丧失；对于根系相对较弱的植物，会造成植物整体脱落，丧失防冲效果。

2）当发生洪水时，植物根系间的土壤会流失，导致植物根系裸露。 植物根系裸露后，水流会进一步冲刷根系，使深层土松散，削弱根系的抗冲蚀能力，严重时会出现植物根系完全裸露或植物整体脱离的情况。

3. 块石对边坡的影响

块石作为这种新型河道生态护坡的骨架，在边坡防护方面主要有三个作用：①依靠自重满足其自身在水流冲刷条件下的稳定；②水流经植物茎叶扩散后，底流扩散至块石表面，不易发生冲损；③块石限制了土体的变形、扰动，并通过块石间的挤压，使土体不易发生流失（图4.2-12）。

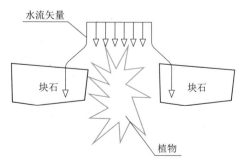

4. 试验场地

在护坡研究过程中，需要恒定

图 4.2-12 块石防护机理

的、可调节的、水量充沛的水流条件进行试验，由于护坡冲刷试验较难使用等比例缩放模型，若采用室内模型试验的方式成本较高。

通过多处踏勘调研，安吉县大河口水库库尾河道水利条件较适合本次试验，且流态贴近实际冲刷环境。 综合考虑经济性、合理性，选择大河口水库库尾 400m 处河段作为试验场地。 大河口水库主要功能为发电、灌溉，灌溉期放水流量为 1m³/s，每日放水时间为 12h，在不影响水库水利用的前提下试验时间较为充裕。 经水力计算复核，库尾河道通过设置围堰，可满足 3～5m/s 的试验用流速需求（图 4.2-13 和图 4.2-14）。

图 4.2-13　试验场地位置

图 4.2-14　试验场地现场情况

5. 试验装置

本试验通过围堰及试验主槽的设置，将试验场地内河道上游来水束拢，达到冲刷试验所需的试验水深，同时通过调整上游水位、主槽上下游高差，将主槽内流速调整至不同流速。

通过各个试验对比组，设置不同含土率、有无植物固坡等组合，进行抗冲能力、影响因子等研究。

（1）试验主槽。 本次试验主材采用钢结构，宽 1.70m、长 10.00m，两侧设置挡板束拢水流。 在主槽下游 7.00m 处设置 1.02m×1.02m 槽孔，供放置试验样品箱使用。 试验遵循伯努利方程（Bernoulli's principle）：

$$p + \frac{1}{2}\rho v^2 + \rho gh = c$$

式中：p 为流体中某点的压强；v 为流体该点的流速；ρ 为流体密度；g 为重力加速度；h 为该点所在高度；c 为一个常量。

试验时通过在上下游设置混凝土垫块调整流速。 试验主槽结构如图 4.2-15 所示。

（2）试验样品箱。 本次试验为避免单次试验差异影响试验结果准确性，每组试验设置 3 个样品，共设置 15 组、45 个试验样品箱，尺寸为 1.00m×1.00m×0.40m，样品箱内材料主要为块石、土壤、草本植物。

（3）块石配置。 试验用块石应新鲜、坚硬，块石最小厚度不小于 20cm，单重不小 25kg，石料重度不小于 $25kN/m^3$，软化系数大于 0.75，饱和抗压强度不小于 40MPa；面石要求基本有两个平整面，块石使用前必须浇水湿润，表面应清洗干净。

（4）土壤配置。 浙江省常见土壤的种类，按分布面积大小排列，分别为红壤、水稻土、粗骨土、黄壤、滨海盐土、潮土、紫色土、石灰岩土，此八大土类约占浙江省土壤面积的 99.38%，另外还有基岩性土和山地草甸土。本次试验用种植土选择试验场地区域分布较广的黄壤。

（5）植物配置。 浙江省位于亚热带季风气候区，冬夏季风交替显著，气温适中，四季分明，光照充足，降水充沛，年降水量在 1100～2200mm 之间，适宜植物生长。 因此，选择的草种必须适合浙江省的气候条件和土壤条件。 宜选取根系发达，抗逆性好，具有较强的防冲、耐淹及耐旱、耐贫瘠能力的草种。 由于河岸和堤防工程的水位变化较大，汛期洪水位较高，水流流速大，冲刷严重，护坡植物要经受水泡，所以要选择能耐 2～3 天水泡的耐洪

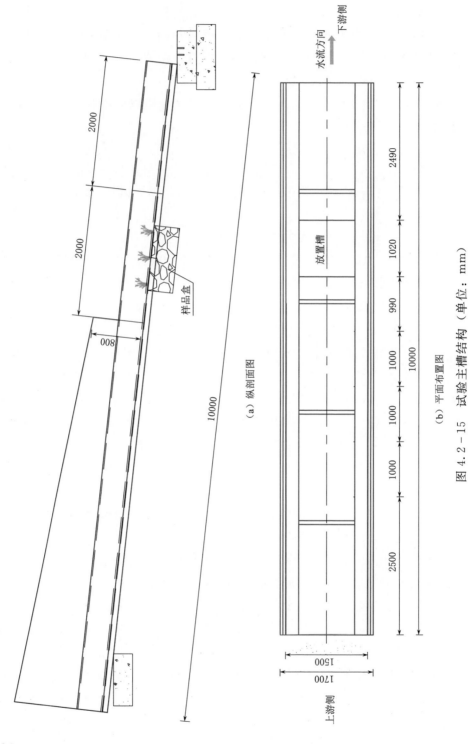

（a）纵剖面图

（b）平面布置图

图 4.2-15 试验主槽结构（单位：mm）

涝的植物。 汛期过后，水位下落，地下水位下降，植物面临着干旱的考验，应选择耐干旱的植物。 由于耐冲刷要求，护坡植物应根系发达、须根茂盛。由于耐干旱要求，护堤植物主根应深长，枝叶应有良好的保水性。 河道整治工程结束后，基本采取粗放管理或不进行管理，所以需要选择耐粗放管理的草种。 播种材料来源要广，经济实用。 尽量选择本地种植比较广泛、经济实用的草种，以便于推广应用。

常见草本植物特征见表 4.2-1。

表 4.2-1 常 见 草 本 植 物 特 征

序号	名　称	根系状况	地上高度/cm	抗旱性
1	高羊茅	发达	60～80	A
2	羊茅	良好	30～60	B
3	紫羊茅	一般	45～70	B
4	小糠草	一般	60～90	C
5	匍匐剪股颖	一般	30～45	B
6	多年生黑麦草	良好	45～70	C
7	无芒雀麦	良好	5～100	A
8	碱茅	良好	20～30	B
9	剃牧草	一般	40～120	C
10	异穗苔草	良好	15～33	B
11	白颖苔草	良好	10～15	B
12	草地早熟禾	良好	50～75	C
13	林地早熟禾	发达	30～50	C
14	加拿大早熟禾	发达	30～50	A
15	细叶早熟禾	良好	30～50	B
16	普通早熟禾	良好	30～50	C
17	早熟禾	良好	30～50	C
18	结缕草	发达	12～15	A
19	大穗结缕草	发达	10～20	B
20	中华结缕草	发达	13～30	B

序号	名　称	根系状况	地上高度/cm	抗旱性
21	麦冬	发达	12～20	A
22	细叶结缕草	良好	10～15	B
23	野牛草	一般	5～25	A
24	狗牙根	发达	10～30	A

结合植物特性及试验场地植物分布及抗冲特性，本次选择 50％狗牙根＋高羊茅草籽混播、50％本地植物移栽的植物配置。本地植物主要包括狗尾草、牛筋草、稗等。

1）狗尾草。一年生，根为须状，高大植株具支持根。秆直立或基部膝曲，高 10～100cm，基部径达 3～7mm。叶鞘松弛，无毛或疏具柔毛或疣毛，边缘具较长的密绵毛状纤毛；叶舌极短，缘有长 1～2mm 的纤毛；叶片扁平，长三角状狭披针形或线状披针形，先端长渐尖或渐尖，基部钝圆形，几呈截状或渐窄，长 4～30cm，宽 2～18mm，通常无毛或疏被疣毛，边缘粗糙（图 4.2-16）。

图 4.2-16　狗尾草

2）牛筋草。一年生草本，根系极发达，秆丛生，基部倾斜，高 10～90cm。叶鞘两侧扁而具脊，松弛，无毛或疏生疣毛；叶舌长约 1mm；叶片平展，线形，长 10～15cm，宽 3～5mm，无毛或上面被疣基柔毛。

穗状花序 2～7 个指状着生于秆顶，很少单生，长 3～10cm，宽 3～

5mm；小穗长 4～7mm，宽 2～3mm，含 3～6 个小花；颖披针形，具脊，脊粗糙；第一颖长 1.5～2mm；第二颖长 2～3mm；第一外稃长 3～4mm，卵形，膜质，具脊，脊上有狭翼，内稃短于外稃，具 2 脊，脊上具狭翼，如图 4.2-17 所示。

图 4.2-17 牛筋草

3）稗。 一年生，秆高 50～150cm，光滑无毛，基部倾斜或膝曲。 叶鞘疏松裹秆，平滑无毛，下部者长于而上部者短于节间；叶舌缺；叶片扁平，线形，长 10～40cm，宽 5～20mm，无毛，边缘粗糙。 圆锥花序直立，近尖塔形，长 6～20cm；主轴具棱，粗糙或具疣基长刺毛；分枝斜上举或贴向主轴，有时再分小枝；穗轴粗糙或生疣基长刺毛；小穗卵形，长 3～4mm，脉上密被疣基刺毛，具短柄或近无柄，密集在穗轴的一侧；第一颖三角形，长为小穗的 1/3～1/2，具 3～5 脉，脉上具疣基毛，基部包卷小穗，先端尖；第二颖与小穗等长，先端渐尖或具小尖头，具 5 脉，脉上具疣基毛（图 4.2-18）。

图 4.2-18 稗

4）狗牙根。 低矮草本，具根茎，秆细而坚韧，下部匍匐地面蔓延甚长，节上常生不定根，直立部分高 10～30cm，直径 1～1.5mm，秆壁厚，光滑无毛，有时略两侧压扁。 叶鞘微具脊，无毛或有疏柔毛，鞘口常具柔毛；叶舌仅为一轮纤毛；叶片线形，长 1～12cm，宽 1～3mm，通常两面无毛。

狗牙根其根茎蔓延力很强，广铺地面，为良好的固堤保土植物，常用以铺建狗牙根草坪或球场。 唯生长于果园或耕地时，则为难除灭的有害杂草。全世界温暖地区均有分布。 根茎可喂猪，牛、马、兔、鸡等喜食其叶；全草可入药，有清血、解热、生肌之效（图 4.2－19）。

图 4.2－19　狗牙根

5）高羊茅。 多年生草本，羊茅亚属多年生草本植物，秆成疏丛或单生，直立，最高可达 120cm，叶鞘光滑，具纵条纹，叶舌膜质，截平，叶片线状披针形，通常扁平，下面光滑无毛，上面及边缘粗糙，圆锥花序疏松开展，含花；颖片背部光滑无毛，顶端渐尖，边缘膜质，外呈椭圆状披针形，平滑，内稃与外稃近等长，两脊近于平滑；颖果顶端有毛茸；4—8 月开花结果（图 4.2－20）。

6. 试验分组

结合山丘区河道洪水常见流速范围、对生态护坡抗冲能力的预估和期望，试验选择 3m/s、4m/s 和 5m/s 的流速开展抗冲对比。 用含土率（体积比）表征不同的结构，按照较常规的砌石空隙率，选择了 30%、45% 和 60%三种含土率结构，同时设计了 100% 含土率且有植被、45% 含土率但无植被的两组对照试验组。

图 4.2-20　高羊茅

试验分组情况见表 4.2-2，试验分 3 种不同流速，每种流速包括 5 组结构，合计 15 组试验。每组有 3 个试块，共做了 45 个试块。

表 4.2-2　　　　　　　　试 验 分 组 情 况

组　　别		新型河道生态护坡组			对比组	
					有植被护坡	无植被护坡
植被		50%狗牙根、高羊茅撒播＋50%本地植物移栽			无	
含土率（体积比）		30%	45%	60%	100%	45%
流速	3m/s	AM1～AM3	BM1～BM3	CM1～CM3	DM1～DM3	EM1～EM3
	4m/s	AH1～AH3	BH1～BH3	CH1～CH3	DH1～DH3	EH1～EH3
	5m/s	AL1～AL3	BL1～BL3	CL1～CL3	DL1～DL3	EL1～EL3

7. 试验步骤

（1）将试验槽安放在河床上，固定试验槽。

（2）对试验样品进行试验前数据收集。

（3）将样品箱吊装入试验槽，通过调节试验槽下部垫块将试验槽内样品箱处流速固定至某一流速（3m/s、4m/s、5m/s）。

（4）由于本次试验流速较大，所对应的实际工况多为山溪性河道，综合考虑浙江省山溪性河道洪水的持续时间，避免过多或过少的冲刷时间对试验结果的影响，本次将冲刷时间设定为 3h。3h 后取出样品箱，观察水流冲刷对护坡结构的影响，进行数据以及各种难以量化的护坡破坏（如块石被冲走、出现冲坑等）信息采集，并进行图像记录；在同样流速情况下更换试验组，进行对比分析。

（5）待同一流速的各试验组完成试验后，调整试验槽上下游高差从而调整样品箱处流速，重复步骤（3）和步骤（4）。

（6）数据处理。　分析含土率、植被等对该护坡抗冲能力的影响，根据经济性、稳定性、美观性选择最优组作为推荐生态护坡型式。

8. 数据采集

本次试验选用的植物其株状形态不明显，混播后很难进行植被数据统计，通过重量、面积统计也较为困难，本次考虑以冲损率作为主要收集数据。

（1）数据采集范围。　由于本次主槽范围并不是无限宽，会出现边界效应影响流态。　例如，样品箱两侧由于植物生长或流态原因冲刷较严重，中间区域冲刷条件较好等，本次考虑选择样品箱中间的 70cm × 70cm 范围作为有效样本采集范围（图 4.2 - 21）。

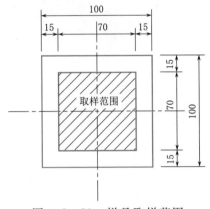

图 4.2 - 21　样品取样范围
示意图（单位：cm）

（2）试验前数据采集。　试验前所需采集数据为样品箱装箱日期、实际含土率、植物生长情况等。

（3）试验后数据采集。　试验后所需采集资料为较为明显的冲坑面积、植物成活率及植物根系裸露情况等，同时对于一些较难量化的样品变化进行图像采集及描述性记录，可能包括植物倒伏或冲走、块石脱落等。

（4）试验后数据处理。

1）冲刷破坏的判断。　本次试验引入冲损率概念，针对本次试验样品特征及实际情况，设计冲损率计算公式为

$$p = \frac{2\sum S_{h \geqslant 10} + \sum S_{10 \geqslant h \geqslant 5}}{S}$$

式中：p 为冲损率，%；S 为试块表土厚度不小于 5cm 的覆盖面积，cm^2；$\sum S_{10 \geqslant h \geqslant 5}$ 为试块表土掏空深度 $10 \geqslant h \geqslant 5$cm 的面积，cm^2；$\sum S_{h \geqslant 10}$ 为试块表土掏空深度 $h \geqslant 10$cm 的面积，cm^2。　当 $p \geqslant 30\%$ 时，认为出现较明显冲刷破坏。

2）新型护坡抗冲刷能力规律的判断。 首先对每组 3 个样品试验结构进行整理，对于因工艺、外界条件等无关因素引起的结果差异进行排除，对有效试验结果进行整理。 通过冲损率的计算判断本次新型河道生态护坡结构的物理特性及适用流速，并整理冲坑分布以推断抗冲刷能力规律。

9. 试验影响因子分析

本次试验各样品间存在一定非设计差异，会对试验结果、规律的判断产生一定影响，主要的影响因子如下：

（1）水深、坡度影响因子。 根据冲刷相关理论公式，水深、坡度也是影响抗冲强度的因素之一。 在恒定流量的前提下，很难通过袋装土围堰等措施使样品处水深一致，经初步水力计算，本次试验在 3m/s、4m/s、5m/s 工况下，样品处水深分别约为 18cm、15cm、12cm。 本次试验通过调整主槽上下游高差从而达到调节流速的目的，因此 3 个流速工况下主槽坡度会有所差异。

在试验过程中，由于将试验槽尺寸设计为 10m，通过现场试运行发现流速对于角度的影响较小，坡度控制在 1∶5 左右，因此坡度影响较小。 在试验水深方面，在试运行阶段观察了 9cm、12cm、15cm、18cm、21cm 五组水深工况，在水深不小于 15cm 时，其冲刷结果较为相似，由于试验场地及水库灌溉功能所限，本次将试验水深设定为 15cm。 同时，为了避免水深差异影响结果，通过进一步改进试验装置，在主槽进水口处设置可调节闸门，将三种流速下样品槽处水深控制在 15cm 左右。

（2）植物生长差异影响因子。 由于植物生长的不可控性，无论是撒播草籽还是植物移栽，植物的生长情况、根系的发展都存在一定的差异，这种差异性在样品容量小（单次样品护坡面积为 $1m^2$）的情况下可能会导致试验结论偏差。

由于试验样本及规模所限，试验设计无法消除植物生长对冲损率结果的影响；在成活率分析中，在试验前对每一个样品箱的株、簇状植物进行检查，对生长情况较差的植物进行记录，在试验后成活率分析中将其剔除。

4.2.2.4 试验过程记录

1. 前期准备

2019 年 4 月 3 日，通过现场调研确定试验场地并调查现场上下游水位差，初步计算能否满足试验用流速。

2019 年 4 月 16 日，调研试验用样品箱试做情况（图 4.2 - 22）。

图 4.2 - 22　样品箱试做情况

2019 年 5 月 16 日，完成试验主槽制作，试吊装样品箱（图 4.2 - 23）。

图 4.2 - 23　试吊装样品箱

2019 年 5 月 22 日，完成 45 个样品箱的制作（图 4.2 - 24）。

图 4.2 - 24　样品箱制作完成

2019 年 6 月 10 日，试验样品箱开始装箱，含块石样品箱根据含土率分配块石，不含块石样品箱开始撒播草籽（图 4.2 - 25）。

图 4.2 - 25　样品箱装箱

2019 年 6 月 17 日，完成所有样品箱装箱工作，并撒播草籽、养护，如图 4.2 - 26 所示。

图 4.2 - 26　撒播草籽、养护

2019 年 8 月 5 日，移栽当地草本植物，稗、狗尾草、牛筋草等，如图 4.2 - 27 所示。

图 4.2 - 27　移栽当地草本植物

2019 年 8 月 21 日，现场安装试验槽、调试水位、流速，完成试验前统计（表 4.2-3）及图像采集工作。

表 4.2-3 试 验 样 品 统 计

试验组情况			样品编号	装箱日期/（月.日）	块石重量/kg	实际含土率（体积比）/%	含土率偏差/%	试验日期/（月.日）
植物配置	含土率体积比/%	流速/(m/s)						
有	30	5	AL1	6.13	651	29.0	-1.0	8.29
			AL2	6.13	633	31.0	1.0	8.29
			AL3	6.13	582	36.5	6.5	8.29
	45		BL1	6.13	436	42.4	-2.6	8.30
			BL2	6.13	426	43.5	-1.5	8.30
			BL3	6.13	449	41.0	-4.0	8.30
	60		CL1	6.10	388	57.7	-2.3	9.17
			CL2	6.10	422	54.0	-6.0	9.17
			CL3	6.10	388	58.0	-2.0	9.17
	100		DL1	5.29		100		9.18
			DL2	5.29		100		9.18
			DL3	5.29		100		9.18
无	45		EL1	6.12	436	52.4	7.4	9.19
			EL2	6.12	451	47.5	2.5	9.19
			EL3	6.12	459	50.2	5.2	9.19
有	30	3	AM1	6.10	578	37.0	7.0	9.20
			AM2	6.10	573	37.2	7.2	9.20
			AM3	6.10	567	38.2	8.2	9.20
	45		BM1	6.10	431	43.0	-2.0	9.21
			BM2	6.10	445	41.5	-3.5	9.21
			BM3	6.10	424	43.8	-1.2	9.21
	60		CM1	6.10	392	57.1	-2.9	9.22
			CM2	6.10	413	55.0	-5.0	9.22
			CM3	6.10	386	58.0	-2.0	9.22

试验组情况			样品编号	装箱日期/(月·日)	块石重量/kg	实际含土率（体积比）/%	含土率偏差/%	试验日期/(月·日)
植物配置	含土率体积比/%	流速/(m/s)						
有	100	3	DM1	5.29		100.0		9.23
			DM2	5.29		100.0		9.23
			DM3	5.29		100.0		9.23
无	45		EM1	6.12	485	47.1	2.1	9.24
			EM2	6.12	444	51.6	6.6	9.24
			EM3	6.12	481	47.5	2.5	9.24
有	30	4	AH1	6.10	655	28.6	−1.4	8.23
			AH2	6.10	651	29.0	−1.0	8.23
			AH3	6.10	644	29.8	−0.2	8.27
	45		BH1	6.10	486	47.1	2.1	8.22
			BH2	6.10	449	51.0	6.0	8.22
			BH3	6.10	483	47.3	2.3	8.27
	60		CH1	6.10	370	59.7	−0.3	8.24
			CH2	6.10	422	54.0	−6.0	8.24
			CH3	6.10	429	53.2	−6.8	8.28
	100		DH1	5.29		100.0		8.24
			DH2	5.29		100.0		8.25
			DH3	5.29		100.0		8.28
无	45		EH1	6.13	534	41.8	−3.2	8.25
			EH2	6.13	484	47.2	2.2	8.25
			EH3	6.13	529	42.6	−2.4	8.28

2. 试验过程

2019 年 8 月 22 日，试验人员入场进行试验工作。 在试验试运行后，确定以下试验要点：

（1）为达到一定的冲刷效果，模拟护坡的真实冲刷环境，试验时护坡样品上部水深需不小于10cm。

（2）由于本次试验所测试流速较大（3m/s、4m/s、5m/s），且试验时水流由于上部植被茎叶扰动形成紊流，试验过程中无法观测到样品冲损情况，主要对试验前后护坡完整性进行对比（图4.2-28～图4.2-30）。

图4.2-28　试验前图像采集

图4.2-29　冲刷过程中图像采集

图4.2-30　试验结束后图像采集

2019 年 8 月 23—28 日，完成 4m/s 的 15 组试验。

2019 年 8 月 29 日至 9 月 3 日，开始进行 5m/s 的试验。

2019 年 9 月 4 日，由于试验区域出现暴雨（图 4.2 - 31），导致河道水位上升，9 月 4—15 日，水库需 2 台机组同时放水（流量 2m³/s）至起调水位，试验中断。

2019 年 9 月 17—19 日，重新填筑袋装土围堰，完成 5m/s 的剩余试验。

2019 年 9 月 19—24 日，完成 3m/s 的 15 组试验。

图 4.2 - 31　暴雨时现场

3. 后期成果整理

2019 年 9 月 25—30 日，回收所有试验样品，在现场进行冲损率的计算及数据采集工作。

2019 年 10 月 10 日至 11 月 17 日，进行试验成果整理。

4.2.2.5　试验数据分析

1. 试验结果

试验结果见表 4.2 - 4。

表 4.2 - 4　　　　　　　　样品试验前后对比

样品箱编号	试验组情况			试 验 前	试 验 后
	植被	含土率（体积比）/%	流速/(m/s)		
AL1	有	29.0	5		

107

续表

| 样品箱编号 | 试验组情况 | | | 试 验 前 | 试 验 后 |
	植被	含土率（体积比）/%	流速/(m/s)		
AL2	有	31.0	5		
AL3	有	36.5	5		
BL1	有	42.4	5		
BL2	有	43.5	5		
BL3	有	41.0	5		

样品箱编号	试验组情况			试 验 前	试 验 后
	植被	含土率（体积比）/%	流速/(m/s)		
CL1	有	57.7	5		
CL2	有	54.0	5		
CL3	有	58.0	5		
DL1	有	100.0	5		
DL2	有	100.0	5		

续表

样品箱编号	试验组情况			试 验 前	试 验 后
	植被	含土率（体积比）/%	流速/(m/s)		
DL3	有	100.0	5		
EL1	无	52.4	5		
EL2	无	47.5	5		
EL3	无	50.2	5		
AH1	有	28.6	4		

续表

样品箱编号	试验组情况			试 验 前	试 验 后
	植被	含土率（体积比）/%	流速/(m/s)		
AH2	有	29.0	4		
AH3	有	29.8	4		
BH1	有	47.1	4		
BH2	有	51.0	4		
BH3	有	47.3	4		

续表

样品箱编号	试验组情况			试 验 前	试 验 后
	植被	含土率（体积比）/%	流速/(m/s)		
CH1	有	59.7	4		
CH2	有	54.0	4		
CH3	有	53.2	4		
DH1	有	100.0	4		
DH2	有	100.0	4		

续表

样品箱编号	试验组情况			试验前	试验后
	植被	含土率（体积比）/%	流速/(m/s)		
DH3	有	100.0	4		
EH1	无	41.8	4		
EH2	无	47.2	4		
EH3	无	42.6	4		
AM1	有	37.0	3		

样品箱编号	试验组情况			试 验 前	试 验 后
	植被	含土率（体积比）/%	流速/(m/s)		
AM2	有	37.2	3		
AM3	有	38.2	3		
BM1	有	43.0	3		
BM2	有	41.5	3		
BM3	有	43.8	3		

续表

样品箱编号	试验组情况			试 验 前	试 验 后
	植被	含土率（体积比）/%	流速/(m/s)		
CM1	有	57.1	3		
CM2	有	55.0	3		
CM3	有	58.0	3		
DM1	有	100.0	3		
DM2	有	100.0	3		

| 样品箱编号 | 试验组情况 | | | 试 验 前 | 试 验 后 |
	植被	含土率（体积比）/%	流速/(m/s)		
DM3	有	100.0	3		
EM1	无	47.1	3		
EM2	无	51.6	3		
EM3	无	47.5	3		

2. 冲损率统计

冲损率统计见表 4.2-5。

表 4.2-5　　　　　　冲 损 率 统 计

样品箱编号	试验组情况			冲损率/%	备 注
	植被	含土率（体积比）/%	流速/(m/s)		
AL1	有	29.0	5	52	
AL2		31.0		45	
AL3		36.5			基本已完全冲毁，掏空深度约20cm
BL1		42.4		27	
BL2		43.5		35	
BL3		41.0		34	
CL1		57.7		63	
CL2		54.0			样本采集区土壤基本完全流失
CL3		58.0		70	
DL1		100.0			样品箱内土壤流失近100%
DL2		100.0			样品箱内土壤流失近70%
DL3		100.0			样品箱内土壤流失近90%
EL1	无	52.4			样品箱内土壤完全流失
EL2		47.5			样品箱内土壤完全流失
EL3		50.2			样品箱内土壤完全流失
AH1	有	28.6	4	42	
AH2		29.0		46	
AH3		29.8		55	
BH1		47.1		26	
BH2		51.0		12	
BH3		47.3		20	
CH1		59.7		44	
CH2		54.0		18	
CH3		53.2		22	
DH1		100.0			样品箱内土壤完全流失
DH2		100.0			样品箱内土壤流失近70%
DH3		100.0			样品箱内土壤流失近40%
EH1	无	41.8			土壤掏空深度平均为25cm
EH2		47.2			土壤掏空深度平均为22cm
EH3		42.6			土壤掏空深度平均为18cm

续表

样品箱编号	试验组情况			冲损率/%	备 注
	植被	含土率（体积比）/%	流速/(m/s)		
AM1		37.0		33	
ΛM2		37.2		35	
AM3		38.2		27	
BM1		43.0		16	
BM2		41.5		11	
BM3	有	43.8		5	
CM1		57.1		14	
CM2		55.0	3	12	
CM3		58.0		11	
DM1		100.0		17	
DM2		100.0		19	
DM3		100.0		15	
EM1		47.1			土壤掏空深度平均为15cm
EM2	无	51.6			土壤掏空深度平均为18cm
EM3		47.5			土壤掏空深度平均为11cm

3. 试验成果分析

（1）植物防护作用分析。 根据 EL1～EL3、EM1～EM3、EH1～EH3 及其余对比组试验结果，可以很直观地看出植物根系在防冲中起到了积极作用，如图 4.2-32 所示，不含植物的样品组护坡内土壤掏空深度平均达到 23cm。

图 4.2-32　无植物防护时冲刷结果

对于一些冲损度较高的试验组，如 AL2、CL1 等，尽管表土掏空深度已达到 5～15cm，但植物依旧未被冲走，如图 4.2-33 所示，通过裸露的根系可以看到网状根系依旧黏附着深层土壤，防止土壤进一步流失。

图 4.2-33　有植物防护时冲刷结果

（2）植物成活率分析。　由于本次选用的植物株状特征不明显，本次采用束状单元，根据叶色、倒伏恢复等因素估算植物成活率（图 4.2-34）。　但由于试验于 9 月中下旬进行，由于季节原因成活率会低于实际值。

图 4.2-34　植物成活情况

根据统计对于冲损率不大于30%的样品组，植物存活率可以达到50%以上。 这一方面证实了植物对于抑制冲损率所起的积极作用，另一方面表明用30%冲损率定义护坡是否损坏是一个较为合理的标准（图4.2-35）。

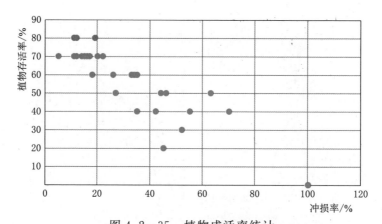

图4.2-35 植物成活率统计

（图中完全冲毁的样品箱冲损率按100%计，以下图中同）

存活植物多以本地移栽草本植物为主，如狗尾草、稗、牛筋草。 具体数据统计如图4.2-36所示。

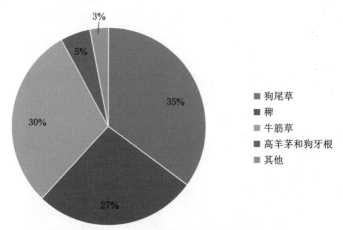

图4.2-36 存活植物品种统计

分析原因如下：①撒播草籽于夏季进行，由于气候、温度等原因成长较慢，且发芽率不高；②两个月的植物生长期根系没有完全发育，在土壤发生流失时根系也一同冲走；③本地植物狗尾草等对气候、土壤有更好的适应能力，其为汲取养分及争取生存空间，限制了草籽的生长。

（3）含土率与冲损率相关分析。 根据表 4.2-5，当试验流速为 3m/s、4m/s、5m/s 时，冲损率与样品箱内含土率分布如图 4.2-37～图 4.2-39 所示。

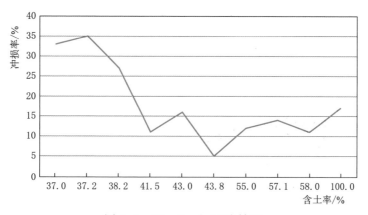

图 4.2-37　3m/s 试验结果

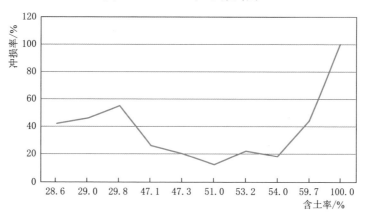

图 4.2-38　4m/s 试验结果

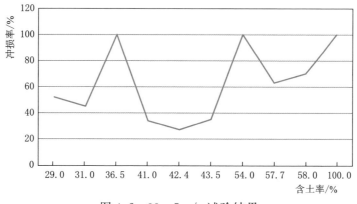

图 4.2-39　5m/s 试验结果

在 3m/s 试验组中，当含土率不小于 40％时，冲损率能维持在较低水平（不大于 30％），即可以认为护坡未被破坏。从图表中可以看出，最优的含土率在 40％～60％之间，但差距并不明显，即使含土率达到 100％，植物固坡的效果就能满足 3m/s 的水流冲击。

而对于含土率不大于 40％的试验组，冲损率高的主要原因是植物生长空间不足，导致植物未能起到固坡的作用。

在 4m/s 试验组中，最优的含土率为 45％～55％之间，此时冲损率能维持在较低水平（不大于 30％），即认为护坡未被破坏。当含土率达到 100％时，土壤几乎完全流失，即 4m/s 已经达到了单纯植物固坡的极限流速。

同 3m/s 试验组类似，当含土率不大于 40％时，由于植物生长空间不足，反而导致护坡防冲效果降低，冲损率提高至 40％～60％。

在 5m/s 试验组中，最优的含土率为 42％左右，此时护坡处于破坏的临界状态，冲损率在 30％～35％之间。证明 5m/s 的水流已经超出该护坡结构的防冲能力范围。

（4）冲损几何特征分析。本次对冲损区域的几何特征分析主要通过冲损区域分布 $S_纵$、$S_横$ 及平均顺水流长度 L 去分析，冲损区域的定义为冲损深度不小于 5cm 的区域，该分析的目的是分析该护坡填筑时的结合特征对其抗冲性能的影响（图 4.2-40 和图 4.2-41）。

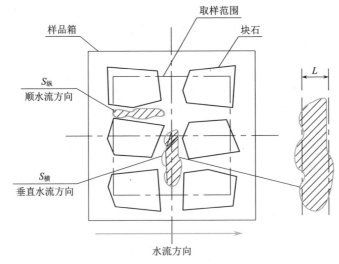

图 4.2-40 冲损几何特征分析

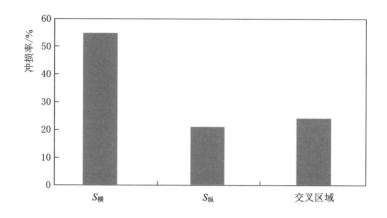

图 4.2-41 冲损区域分布占比分析

　　其试验成果规律与"块石对边坡防护的影响"中的规律一致，即虽然植物倒伏，但茎叶对底流依旧有一定的分散作用。底流分散至植物周边的块石表面，由于其糙率小于植物根茎，形成了底流通道，使护坡中块石承担了大部分冲刷作用。而 $S_横$ 区域由于位于底流通道中，因此所受冲刷左右较强，冲损严重。也有可能是 $S_横$ 区域与下游块石之间的边界不平整、不密实，水流冲击到块石边缘后反弹回击土体，形成局部强紊流导致土体冲失（图 4.2-42）。

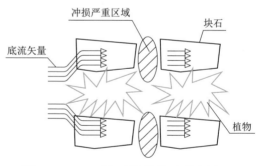

图 4.2-42 块石植物综合作用机理

4.2.2.6 试验结论

1. 主要成果

　　（1）设计并验证了一种新型河道生态护坡结构——黏性土砌石护坡，其主要优势为在相同抗冲能力的前提下，具有较好的经济性，较传统干砌石护坡和浆砌石护坡具有更好的生态性，且主要原料皆可因地制宜，可广泛应用于各类河道治理工程中。

　　（2）通过一系列对比试验明确了这种新型河道生态护坡的物理特征：

①由块石、黏性土壤、草本植物组成；②护坡厚度宜不小于 35cm；③体积含土率在 45%±5% 是较优的；④适用于小于 4m/s 的设计流速。 其结构简图如图 4.2-43 所示。

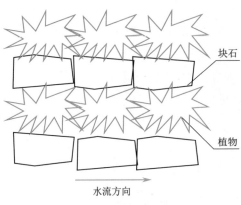

图 4.2-43　新型河道生态
护坡结构简图

（3）通过试验结果的规律推断出了该种新型河道生态护坡的防护原理，对植物、块石对底流的作用有了初步的了解，有助于推进植物护坡结构的进一步分析、研究。

2. 遗留问题

试验采用的块石形状太方正、太规则，与天然块石有差异，可能对试验结论产生影响。

水流对植被的拖曳力与植被的枝叶量成正相关，植被对水流的抵抗力与根系发达程度成正相关。 本试验成果的代表性还不足，对护坡植被的品种还应进一步比选。 同时，由于时间原因，本试验植被种植时间、抗冲试验时的植被发育程度都不够理想，可能对试验结果产生影响。

一方面，试验采用的试块平面尺寸为 1m×1m，试块边缘与钢板之间的缝隙为抗冲薄弱带，存在尺寸效应；另一方面，试验护坡产生冲刷坑后，水流条件比实际的河道岸坡更恶劣，会加速冲刷。 这些因素都可能对试验结论产生影响。

试验护坡的坡向与水流流向一致，实际的河道岸坡的坡向与水流方向是垂直的，且试验护坡的坡度比较小，这些差异可能对试验结论产生影响。

3. 进一步工作展望

可从以下方面进一步开展试验研究：①采用常规的块石或卵石与黏性土混砌，并采用不同土料；②应比选适宜的护坡抗冲植被品种；③进一步加大试块尺寸，改进试验方式，使得试验模拟更符合河道岸坡的实际，试验结果更符合实际。

4.3 生态堰坝技术

堰坝是修筑在内河上进行蓄水的一种壅水建筑物，其主要作用是拦截水流，以此来抬高河流水位，同时对水量进行相关调节，使其符合人类的需要。建设堰坝，一方面，通过引水来进行农田的灌溉、发电和对整个河道的坡降进行调整，以起到巩固泥沙的作用；另一方面，堰坝作为阻水建筑物，会改变水流的流态，从而形成堰坝上游的淤积以及下游的冲刷，改变河床原有的形态。

4.3.1 生态堰坝概述

4.3.1.1 生态堰坝的定义

对于生态堰坝，业内还没有一个明确的定义，笔者认为，生态堰坝是指满足河道主要生态功能需要并未对河道纵向连通性产生实质性阻隔的堰坝。与堰坝有关的河道主要生态功能为输沙，过流，提供水生和水陆交错带生境、生物通道。

4.3.1.2 现有生态堰坝建设成效

根据实地调研发现，为减少堰坝带来的负面影响，生态堰坝建设主要考虑了行洪安全、鱼道设置、输沙设计和生态调度四个方面。

1. 行洪安全

此类生态堰坝建设在保障引水功能的基础上，尽量降低堰坝高度，多级组合，寻找兴利与防洪的平衡点（图 4.3-1～图 4.3-4）。

图 4.3-1 丽水通济堰

图 4.3-2　浦阳江 4 号堰

图 4.3-3　石梁溪坎底村堰

图 4.3-4　石梁溪下村堰

2. **鱼道设置**

在堰体设计上要考虑鱼类的需求，设置鱼道，让鱼类能通过堰坝，减小堰坝阻隔的不利影响。 鱼道主要有绕行鱼道、阶梯形鱼道、加糙鱼道等型式。 绕行鱼道，鱼类可以通过鱼道绕过拦水堰坝；阶梯形鱼道，可使鱼类逐级向上游，同时，旱季时堰上水池也是小型鱼类栖息场所；加糙鱼道可布置在堰坝一侧，鱼类通过鱼道可游向上游，并能借助糙面停留（图4.3-5～图4.3-9）。

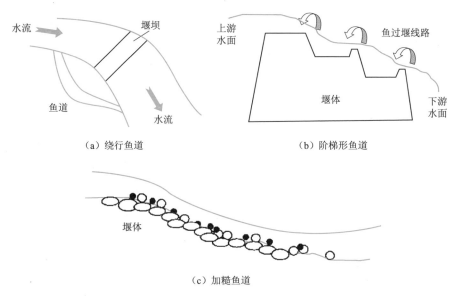

（a）绕行鱼道　　　　　　　　　　　（b）阶梯形鱼道

（c）加糙鱼道

图 4.3-5　几种鱼道型式

图 4.3-6　曹娥江大闸鱼道布置图

图 4.3-7　曹娥江大闸鱼道

127

图4.3-8 港口溪黄母口堰　　　　　　图4.3-9 对正溪弓桥头堰

3. 输沙设计

在堰坝底部设置相应的排沙孔，能起到排沙清淤的效果，同时，为下游输送了营养源，促进下游植物生长（图4.3-10～图4.3-12）。

图4.3-10 梅溪铁堰

图4.3-11 潼溪贺田堰

图 4.3-12 章村溪黄肚堰

4. 生态调度

水库生态调度是考虑下游生物的需水量,在枯水期,水库放出大坝蓄水保障下游生物生存需水量(图 4.3-13～图 4.3-15)。

图 4.3-13 金溪水电站下泄生态流量

图 4.3-14 三插溪二级水电站下泄生态流量

图 4.3 - 15　仙坑水库下泄生态流量

4.3.2　新型生态堰坝技术

4.3.2.1　技术要点

针对现有技术的不足，为解决现状堰坝对于河道纵向连通性阻隔的问题，提出了一种可以保持河道纵向连通性的散粒体型式的堰坝。该种堰坝在满足堰坝蓄水作用的前提下，利用散粒体型式来保障河道的纵向连通，使水流能够经坝体内部流向下游，减小堰坝的阻隔作用，同时散粒体的外观与自然河床形态较为接近，对于河道整体性的影响较小。当洪水期流量达到一定条件后，散粒体堰坝还会被上游的来水所冲毁，从而减少堰坝的壅水作用，减轻河道的防洪压力。新型生态堰坝结构既实用、安全又经济。

4.3.2.2　堰坝优点

（1）散粒体堰坝采用不同级配的石块颗粒构筑坝体，可以形成一定的壅水，满足堰坝的蓄水功能，又不完全阻断河道纵向连通性，水流可以通过块石间隙流向河道下游，不切断鱼类等水生动物的洄游通道。

（2）散粒体堰坝制作简单、取材方便，大颗粒块石可从河道上游获得，中小颗粒块石可从河道中下游获得，减少了混凝土坝的浇筑成本和运输成本。

（3）散粒体堰坝在洪水期间尤其是大洪水时期，可以减轻河道的防洪压力。当洪水流量达到临界破坏值后，堰坝会逐渐破坏直至解体，从而消除堰坝壅水对于河道行洪的影响，减轻防洪压力。

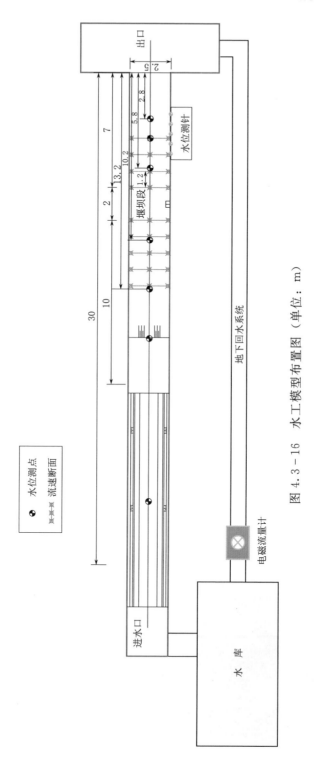

图 4.3-16 水工模型布置图（单位：m）

4.3.2.3 试验方案

1. 模型设计

试验在浙江省水利河口研究院六堡试验室人工水槽中进行，水槽尺寸为30m×2.5m×0.4m（长×宽×高）。模型采用正态模型，按重力相似准则设计。比尺选择在水槽条件允许的范围内，尽量选取大比尺，以提高试验的精度。

（1）模型比尺。模型按重力相似准则设计，以保证水流运动相似、动力相似，考虑模型流量、水深、流速等水力参数测试因素，比尺为1∶20。相关物理量相似比尺见表4.3-1。

表 4.3-1 模型相似比尺计算公式及计算值

序　号	相　似　比　尺	计　算　式	计　算　值
1	长度比尺	λ_l	20.00
2	流量比尺	$\lambda_Q = \lambda_l^{5/2}$	1788.85
3	流速比尺	$\lambda_u = \lambda_l^{1/2}$	4.47
4	糙率系数比尺	$\lambda_n = \lambda_l^{1/6}$	1.65
5	水流时间比尺	$\lambda_t = \lambda_l / \lambda_u$	4.47

（2）模型范围及制作。试验水槽尺寸约为30m×2.5m×0.4m（长×宽×高），合计原型范围长600m，河宽50m，试验模型如图4.3-16～图4.3-18所示。模型水槽采用断面板法放样，水泥砂浆抹制。模型制作及精度均满足《水工（常规）模型试验规程》（SL 155—2012）的要求。

图 4.3-17　水工模型整体

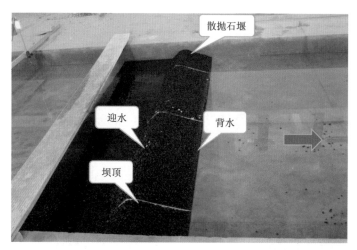

图 4.3 - 18 堰坝

（3）测量设备。

1）流量：采用上海光华 MS900 型电磁流量计（精度约为 0.1L/s，合原型 0.7m³/s）量测流量。

2）水位：上下游水位采用常规的测针观测，分辨率为 0.1mm（原型 3.5mm），测针零点用尼康 AS - 2 精密水准仪测定，用尾门控制下游水位。

3）流速：流速采用光电旋桨流速仪测量，起动流速约 2.5cm/s（原型 14cm/s）。采用垂线 3 点法，分别测量 0.1 倍、0.5 倍、0.9 倍水深处的流速。

4）流态：对各试验工况流态进行录像和拍照。

模型试验测试仪器和测试方法满足《水工（常规）模型试验规程》（SL 155—2012）的要求。

（4）试验材料的选取。

1）模型块体的种类。采用人工粉碎的块石进行破坏试验，块石的容重取 $\rho = 2650kg/m^3$。

2）模型块体粒径及重量。试验任务要求，在模型试验中选取粒径为 1～2cm、2～3cm、2～4cm、3～5cm 和 4～6cm，平均重量约为 4.6g、9.6g、14.3g、47.7g 和 78.0g（图 4.3 - 19）。

图 4.3-19 模型选用的碎石

2. 模型试验方案

本试验设置了两种堰型。堰型一：迎水坡 1：1，背水坡 1：3，坝高 2.0m，顶宽 1.0m（模型尺寸：坝高 10cm，堰顶宽 5cm）；堰型二：迎水坡 1：1，背水坡 1：5，坝高 2.0m，顶宽 1.0m（模型尺寸：坝高 10cm，堰顶宽 5cm）。水槽坡度不变，为平底型，护底均为碎石。组次安排见表 4.3-2。

3. 结果测量方法

（1）起动判别。山区河流块体的稳定判别标准是需要首先解决的问题，对这一问题国内外尚无统一规定。现有的块体稳定性标准主要可参照卵石的起动判别标准，判断散抛石坝块体的稳定性。窦国仁院士曾针对泥沙起动的三个阶段给出量化指标，具体的起动判别标准如下：

表 4.3－2　　　　　　　　　散 抛 石 坝 试 验 组 次

序号	粒径/cm		堰型	堰 型 示 意 图
	模型	原型		
1	1～2	20～40	堰型一	
2	2～3	40～60		堰型一：堰高 2m，迎水坡 1:1，背水坡 1:3
3	2～4	40～80		
4	3～5	60～100		堰型二：堰高 2m，迎水坡 1:1，背水坡 1:5
5	4～6	80～120		
6	4～6	80～120	堰型二	

1）个别起动：$P_1 = 0.10\% \sim 0.15\%$。

2）少量起动：$P_2 = 2\% \sim 3\%$。

3）大量起动：$P_3 = 15\% \sim 17\%$。

其中 P_1、P_2、P_3 分别代表三个起动阶段的起动概率。

除此之外，还可参考波浪作用下斜坡堤护面块体的稳定性进行判断。 其思路是根据建筑物的重要性，通过模型试验，把块体的稳定标准分成七级、五级、四级、三级或二级等不同级别，但级与级之间的划分不够明确和全面，在试验和实际工程中很难加以区别。

本试验将综合考虑以上两种判别标准，以卵石少量起动作为块体起动的临界条件。 少量起动标准为起动块体占块体总量的 $2\% \sim 3\%$，在试验中铺设在坝体表面的块体少量起动，就表明坝体失稳。 此外，山区河流坝体的损坏往往是从局部开始的，一般只要有少量的块体被冲走，随即局部的水流条件恶化，即可导致大面积的破坏，有时甚至是整个坝体的毁坏，因此只要有少量块体起动就表明坝体损毁。

（2）测量方法。 ①通过模型试验分别测试堰前后河道、堰顶的水深流速分布情况；②观察沿程河道以及堰坝段水流流态；③观测堰坝的散粒体块石稳定性，观察其是否产生滚动或者滑动，当产生滚动或者滑动的块石占总数的 $2\% \sim 3\%$ 时，记录下同一时刻各观测点的流速，此时堰上流速即认为是散粒体堰坝所能承受的最大流速。

（3）测量设备。

1）流量：采用上海光华 MS900 型电磁流量计（精度约为 0.1L/s，合原型 0.7 m³/s）量测流量。

2）水位：上下游水位采用常规的测针观测，分辨率为 0.1mm（原型 3.5mm），测针零点用尼康 AS-2、精密水准仪测定，用尾门控制下游水位。

3）流速：流速采用光电旋桨流速仪测量，起动流速约 2.5cm/s（原型 14cm/s）。采用垂线 3 点法，分别测量 0.1 倍、0.5 倍、0.9 倍水深处的流速。

4）流态：对各试验工况流态进行录像和拍照。模型试验测试仪器和测试方法满足《水工（常规）模型试验规程》（SL 155—2012）的要求。

4.3.2.4 试验数据分析

1. 试验结果

（1）试验工况及组次安排。试验工况及组次安排见表 4.3-3。

表 4.3-3 试验工况及组次安排

类别	工况	流速 /(m/s)	水深 /m	堰　型	堆石粒径 /cm	试验观测内容
预备试验	1	0.5	2			沿程流速、流态观测
	2	1.0	2			
	3	1.5	2			
	4	2.0	2			
	5	2.5	2			
正式试验	1	0.5	2	堰高 2.0m，前坡 1:1，后坡 1:3	20～40	堰体稳定性、沿程流速、流态观测、堰过流能力试验
	2	1.0	2	堰高 2.0m，前坡 1:1，后坡 1:3	40～60	
	3	1.5	2	堰高 2.0m，前坡 1:1，后坡 1:3	40～80	
	4	2.0	2	堰高 2.0m，前坡 1:1，后坡 1:3	60～100	
	5	2.5	2	堰高 2.0m，前坡 1:1，后坡 1:3	80～120	
	6	2.5	2	堰高 2.0m，前坡 1:1，后坡 1:5	80～120	
	7	2.5	2	堰高 2.0m，前坡 1:1，后坡 1:3	粒径：20～40、60～100、80～120 级配：2:1:3	
	8	2.5	2	堰高 2.0m，前坡 1:1，后坡 1:5	粒径：20～40、60～100、80～120 级配：1.75:1:1.75	

（2）预备试验。 预备试验上游通过电磁流量计控制流量，下游通过尾门调节，控制下游水位2m左右。 尾门调节后观测沿程水流流速、水位以及流态情况。 预备试验成果见表4.3-4。

表4.3-4   预 备 试 验 成 果

| 工况 | 计 算 值 | | 实 测 值 | | | 备 注 |
	流速 /(m/s)	水深 /m	流速 /(m/s)	水深 /m	单宽流量 /[m³/(s·m)]	
1	0.5	2	0.51	1.94	1.0	
2	1.0	2	1.08	1.85	2.0	试验在堰坝段
3	1.5	2	1.53	1.87	2.9	0+000断面进行
4	2.0	2	1.89	1.99	3.8	
5	2.5	2	2.60	1.95	4.8	

1）沿程水流流态。 预备试验沿程水流流态总体较为平稳，随着流速增大，水面波动随之增大，试验段流态满足试验要求。 其中0.5m/s和2.0m/s流速下的水流流态如图4.3-20所示。

（a）流速0.5m/s

（b）流速2.0m/s

图4.3-20 不同流速条件沿程水流流态

2）水面线分布。 试验水槽坡度不变，为平底型，沿程水面线略有下降，随着流量、流速增大水面线逐渐变陡。 不同流速条件下沿程水面线如图 4.3-21 所示。

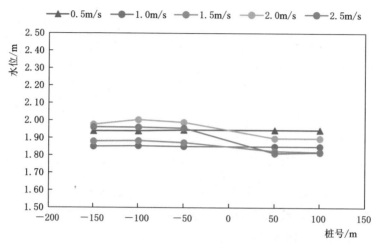

图 4.3-21 不同流速条件下沿程水面线

3）典型断面流速分布。 预备试验详细观测了沿程 9 个断面流速分布情况。 试验段沿程断面平均流速基本一致。 横断面流速总体呈中间大岸边小的分布规律，如图 4.3-22 所示。

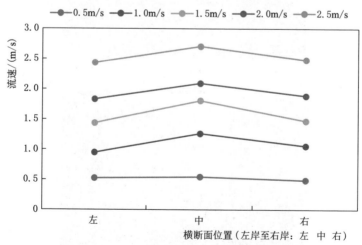

图 4.3-22 不同流速条件下 0+000 断面流速分布

（3）正式试验。

1）工况1：粒径20～40cm，一级配，前坡1∶1，后坡1∶3，堰高2m。 试验时上游流量逐渐加大，当流量达到50m³/s，即单宽流量1.0m³/（s·m）时，堰坝堆石开始滚落，堰坝结构出现破坏。

试验前后堰坝形态如图4.3-23所示，沿程流速、水深分布情况见表4.3-5，堰坝沿程水面线如图4.3-24所示，沿程断面平均流速情况如图4.3-25所示，堰上水头与流量关系如图4.3-26所示。

（a）试验前

（b）试验后

图4.3-23　试验前后堰坝形态

表4.3-5　　　　　　　　　工况1沿程流速、水深分布情况

桩号	位置	流速/(m/s)				水深/m
		底	中	面	平均	
0-060	1	0.54	0.51	0.41	0.49	2.42
	2	0.45	0.43	0.35	0.41	2.42
	3	0.43	0.36	0.32	0.37	2.42

续表

桩号	位置	流速/(m/s)				水深 /m
		底	中	面	平均	
0-040	1	0.48	0.52	0.53	0.51	2.42
	2	0.33	0.43	0.47	0.41	2.42
	3	0.35	0.41	0.47	0.41	2.42
0-020	1	0.41	0.48	0.54	0.48	2.42
	2	0.40	0.42	0.45	0.42	2.42
	3	0.36	0.42	0.47	0.42	2.42
0-010	1	0.44	0.43	0.50	0.46	2.40
	2	0.35	0.41	0.43	0.40	2.40
	3	0.33	0.46	0.45	0.41	2.40
0±000	1			2.45	2.45	0.40
	2					
	3					
0+020	1	0.61	0.66	0.77	0.68	1.92
	2	0.96	0.85	0.96	0.92	1.92
	3	0.64	0.66	0.65	0.65	1.92
0+040	1	0.29	0.44	0.41	0.38	1.96
	2	0.40	0.47	0.67	0.51	1.96
	3	0.41	0.35	0.47	0.41	1.96
0+060	1	0.49	0.44	0.61	0.51	1.96
	2	0.41	0.45	0.47	0.44	1.96
	3	0.52	0.58	0.77	0.62	1.96

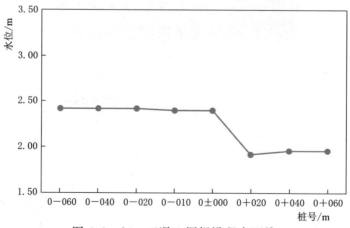

图 4.3-24 工况 1 堰坝沿程水面线

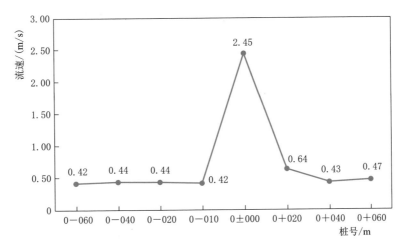

图 4.3 - 25　工况 1 沿程断面平均流速

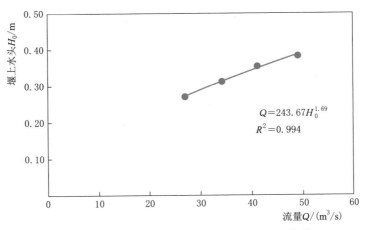

图 4.3 - 26　工况 1 堰上水头与流量关系曲线

试验观测成果如下：

a. 流速分布。 加堰坝后，堰前水位壅高，流速较无堰坝时小，堰后由于水位壅高落差增加，断面流速增大，其中桩号 0+020 断面无堰坝断面平均流速为 0.51m/s，加堰坝后断面平均流速为 0.64m/s，流速增大约 25%。 桩号 0+040 断面往后已基本恢复到无堰坝时状态。

b. 沿程水位分布。 加堰坝时的堰前壅高为 0.41～0.46m。

c. 沿程流速变化。 加堰坝后水深增加，沿程流速减小 15%～20%，堰顶流速增大 380%，堰后流速相差不大。

141

d. 过流能力。 一般的堰流流量按下式进行计算：

$$Q = \mu B \sqrt{2g} H_0^{3/2} \tag{4.3}$$

其中
$$H_0 = Z + \frac{V^2}{2g} - 2.0$$

式中：Q 为流量，m^3/s；μ 为综合流量系数；B 为本试验堰坝总净宽，为 50m；g 为重力加速度，取 $9.81m/s^2$；H_0 为堰上水头，考虑行近水头，m；Z 为堰顶高程，m。

为了便于公式拟合，令 $m = \mu B \sqrt{2g}$，则 $Q = mH_0^{3/2}$，流量 Q 只与堰上水头一个变量成幂次关系。

试验观测了该堰坝的过流能力，根据公式拟合可得

$$Q = 243.67 H_0^{1.69}$$

相关系数 $R^2 = 0.994$；适用范围：$0.272m \leqslant H_0 \leqslant 0.384m$。

2）工况 2：粒径 40～60cm，一级配，前坡 1：1，后坡 1：3，堰高 2m。试验时上游流量逐渐加大，当流量达到 $100m^3/s$，即单宽流量 $2.0m^3/(s \cdot m)$ 时，堰坝堆石开始滚落，堰坝结构出现破坏。

沿程流速、水深分布情况见表 4.3-6，试验前后堰坝形态如图 4.3-27 所示，沿程水面线及流速变化情况如图 4.3-28 和图 4.3-29 所示，堰上水头与流量关系如图 4.3-30 所示。

表 4.3-6　　　　工况 2 沿程流速、水深分布情况

桩号	位置	流速/(m/s)				水深/m
		底	中	面	平均	
0-060	1	0.54	0.66	0.64	0.61	2.72
	2	0.63	0.70	0.78	0.70	2.72
	3	0.69	0.75	0.84	0.76	2.72
0-040	1	0.61	0.70	0.72	0.68	2.74
	2	0.67	0.76	0.82	0.75	2.74
	3	0.69	0.79	0.88	0.79	2.74
0-020	1	0.55	0.71	0.71	0.66	2.72
	2	0.66	0.81	0.79	0.75	2.72
	3	0.68	0.80	0.84	0.77	2.72
0-010	1	0.69	0.71	0.75	0.72	2.70
	2	0.70	0.76	0.85	0.77	2.70
	3	0.70	0.81	0.88	0.80	2.70

桩号	位置	流速/(m/s)				水深/m
		底	中	面	平均	
0±000	1		2.53		2.53	0.60
	2		2.36		2.36	0.60
	3		2.37		2.37	0.60
0+020	1	0.99	1.54	2.16	1.56	1.84
	2	0.39	0.41	0.35	0.38	1.84
	3	0.90	1.21	1.52	1.21	1.84
0+040	1	1.00	1.21	1.33	1.18	1.90
	2	0.96	1.13	1.03	1.04	1.90
	3	1.34	1.44	1.58	1.45	1.90
0+060	1	1.06	1.25	1.21	1.17	1.92
	2	0.63	0.95	1.06	0.88	1.92
	3	1.20	1.43	1.42	1.35	1.92

（a）试验前

（b）试验后

图 4.3-27　工况 2 试验前后堰坝形态

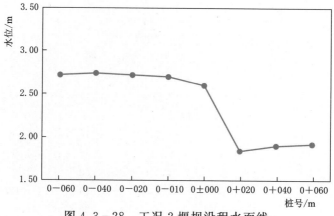

图 4.3-28　工况 2 堰坝沿程水面线

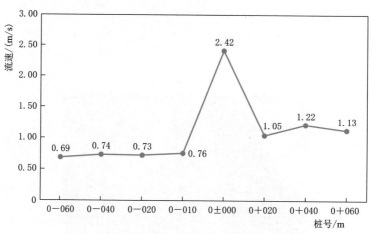

图 4.3-29　工况 2 沿程断面平均流速分布

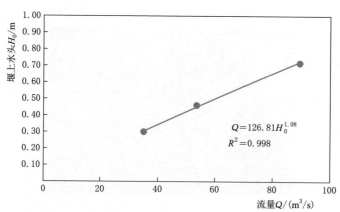

图 4.3-30　工况 2 堰上水头与流量关系曲线

试验观测成果如下：

a. 流速分布。　加堰坝后，堰前水位壅高，流速较无堰坝时小，堰后断面流速相当。　其中堰顶平均流速 2.42m/s。　桩号 0＋020 断面往后已基本恢复到无堰坝时的状态。

b. 沿程水位分布。　加堰坝时的堰前壅高 0.91～0.92m。

c. 沿程流速变化。　加堰坝后水深增加，沿程流速减小约 30％，堰顶流速增大 124％，堰后流速相差不大。

d. 过流能力。　试验观测了该堰坝的过流能力，根据公式拟合可得

$$Q = 126.81 H_0^{1.08}$$

相关系数 $R^2 = 0.998$；适用范围：$0.300\text{m} \leqslant H_0 \leqslant 0.715\text{m}$。

3）工况 3：粒径 40～80cm，一级配，前坡 1:1，后坡 1:3，堰高 2m。试验时上游流量逐渐加大，当流量达到 143m³/s，即单宽流量 2.9m³/（s·m）时，堰坝堆石开始滚落，堰坝结构出现破坏。

沿程流速、水深分布情况见表 4.3-7，试验过程中堰坝形态如图 4.3-31 所示，沿程水面线及流速变化情况如图 4.3-32 和图 4.3-33 所示，堰上水头与流量关系如图 4.3-34 所示。

表 4.3-7　　　　工况 3 沿程流速、水深分布情况

桩号	位置	流速/(m/s)				水深/m
		底	中	面	平均	
0－060	1	0.74	0.89	0.98	0.87	3.06
	2	0.81	0.93	0.94	0.89	3.06
	3	0.94	1.07	1.12	1.04	3.06
0－040	1	0.76	0.96	0.96	0.89	3.06
	2	0.83	1.01	1.05	0.96	3.06
	3	0.93	1.09	1.14	1.05	3.06
0－020	1	0.87	0.93	0.98	0.93	3.06
	2	0.84	0.92	0.99	0.92	3.06
	3	0.89	1.09	1.15	1.04	3.06
0－010	1	0.85	0.98	0.99	0.94	3.02
	2	0.82	1.01	1.04	0.96	3.02
	3	0.82	1.06	1.13	1.00	3.02

续表

桩号	位置	流速/(m/s)				水深/m
		底	中	面	平均	
0±000	1		3.17		3.17	0.90
	2		3.10		3.10	0.90
	3		2.49		2.49	0.90
0+020	1	0.68	0.91	1.24	0.94	1.90
	2	1.18	1.36	2.10	1.55	1.90
	3	0.86	1.34	1.96	1.39	1.90
0+040	1	0.97	1.31	1.47	1.25	1.90
	2	1.35	1.64	1.70	1.56	1.90
	3	1.36	1.54	1.54	1.48	1.90
0+060	1	1.25	1.42	1.52	1.40	1.90
	2	1.40	1.45	1.59	1.48	1.90
	3	1.42	1.64	1.70	1.59	1.90

（a）试验过程中沿程水流流态

（b）堰坝破坏后

图 4.3-31　工况 3 试验过程中堰坝形态

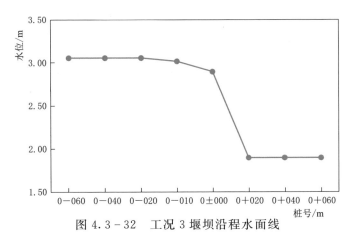

图 4.3 - 32　工况 3 堰坝沿程水面线

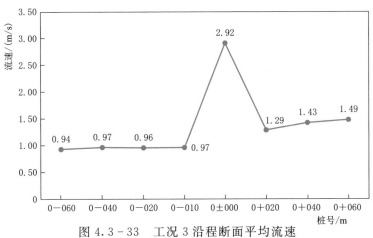

图 4.3 - 33　工况 3 沿程断面平均流速

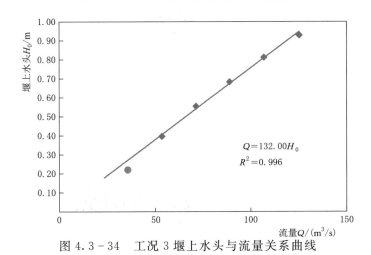

图 4.3 - 34　工况 3 堰上水头与流量关系曲线

试验观测成果如下：

a. 流速分布。 加堰坝后，堰前水位壅高，流速较无堰坝时小，堰后由于水位壅高落差增加，断面流速增大。 堰顶断面平均流速为 2.92m/s。

b. 沿程水位分布。 加堰坝时的堰前壅高为 1.09～1.10m。

c. 沿程流速变化。 加堰坝后水深增加，沿程流速减小约 35%，堰顶流速增大 91%。

d. 过流能力。 试验观测了该堰坝的过流能力，根据公式拟合可得

$$Q = 132.00 H_0$$

相关系数 $R^2 = 0.988$；适用范围：$0.397\text{m} \leqslant H_0 \leqslant 0.929\text{m}$。

4）工况 4：粒径 60～100cm，一级配，前坡 1:1，后坡 1:3，堰高 2m。试验时上游流量逐渐加大，当流量达到 191m³/s，即单宽流量 3.8m³/（s·m）时，堰坝堆石开始滚落，堰坝结构出现破坏。

沿程流速、水深分布情况见表 4.3-8，试验过程中堰坝形态如图 4.3-35 所示，沿程水面线及流速变化情况如图 4.3-36 和图 4.3-37 所示，堰上水头与流量关系如图 4.3-38 所示。

表 4.3-8　　　　　　工况 4 沿程流速、水深分布情况

桩号	位置	流速/（m/s）				水深/m
		底	中	面	平均	
0-060	1	0.95	1.16	1.20	1.10	3.30
	2	1.12	1.18	1.27	1.19	3.30
	3	1.07	1.24	1.34	1.22	3.30
0-040	1	1.00	1.15	1.20	1.12	3.30
	2	1.08	1.32	1.26	1.22	3.30
	3	1.09	1.31	1.31	1.24	3.30
0-020	1	0.96	1.17	1.20	1.11	3.34
	2	1.04	1.17	1.26	1.16	3.34
	3	0.94	1.23	1.29	1.15	3.34
0-010	1	0.96	1.20	1.29	1.15	3.38
	2	1.06	1.28	1.35	1.23	3.38
	3	0.99	1.20	1.33	1.17	3.38

桩号	位置	流速/(m/s)				水深 /m
		底	中	面	平均	
0±000	1	3.21	3.11		3.16	0.96
	2	3.25	3.28		3.27	0.96
	3	3.43	3.47		3.45	0.96
0+020	1	0.93	1.55	2.07	1.52	1.88
	2	1.67	1.86	2.08	1.87	1.88
	3	1.55	2.09	3.64	2.43	1.88
0+040	1	1.33	1.51	1.54	1.46	1.92
	2	2.11	2.20	2.36	2.22	1.92
	3	2.08	2.28	2.57	2.31	1.92
0+060	1	1.87	1.81	1.54	1.74	1.96
	2	2.34	2.01	1.91	2.09	1.96
	3	2.47	2.14	2.10	2.24	1.96

（a）试验过程中沿程水流流态

（b）堰坝破坏后

图 4.3-35 工况 4 试验过程中堰坝形态

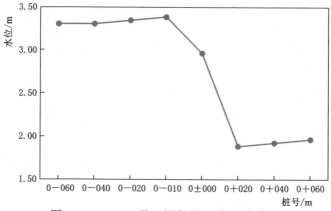

图 4.3-36 工况 4 堰坝沿程水面线分布

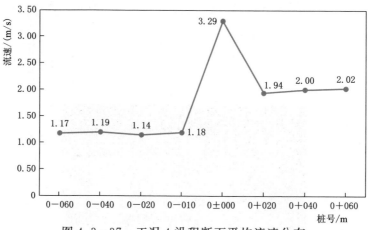

图 4.3-37 工况 4 沿程断面平均流速分布

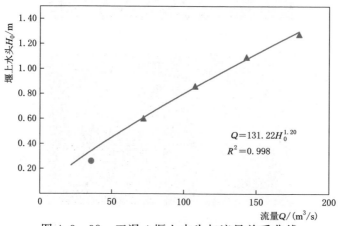

$$Q = 131.22 H_0^{1.20}$$
$$R^2 = 0.998$$

图 4.3-38 工况 4 堰上水头与流量关系曲线

试验观测成果如下：

a. 流速分布。 加堰坝后，堰前水位壅高，流速较无堰坝时小，堰后由于水位壅高落差增加，断面流速增大。 堰顶断面平均流速为 3.29m/s。

b. 沿程水位分布。 加堰坝后堰前壅高为 1.19～1.20m。

c. 沿程流速变化。 加堰坝后水深增加沿程流速减小约 38%，堰顶流速增大 74%。

d. 过流能力。 试验观测了该堰坝的过流能力，根据公式拟合可得

$$Q = 131.22 H_0^{1.20}$$

相关系数 $R^2 = 0.998$；适用范围：$0.599\text{m} \leqslant H_0 \leqslant 1.272\text{m}$。

5）工况 5：粒径 80～120cm，一级配，前坡 1:1，后坡 1:3，堰高 2m。 试验时上游流量逐渐加大，当流量达到 240m³/s，即单宽流量 4.8m³/（s·m）时，堰坝堆石开始滚落，堰坝结构出现破坏。

沿程流速、水深分布情况见表 4.3-9，试验过程中堰坝形态如图 4.3-39 所示，沿程水面线及流速变化情况如图 4.3-40 和图 4.3-41 所示，堰上水头与流量关系如图 4.3-42 所示。

表 4.3-9　　　　　　　　工况 5 沿程流速、水深分布情况

桩号	位置	流速/(m/s)				水深/m
		底	中	面	平均	
0-060	1	1.02	1.34	1.41	1.26	3.06
	2	1.10	1.42	1.40	1.31	3.06
	3	1.32	1.48	1.63	1.48	3.06
0-040	1	1.08	1.34	1.44	1.29	3.06
	2	1.13	1.52	1.48	1.38	3.06
	3	1.23	1.51	1.55	1.43	3.06
0-020	1	1.04	1.34	1.41	1.26	3.06
	2	1.08	1.42	1.50	1.33	3.06
	3	1.27	1.49	1.56	1.44	3.06
0-010	1	1.05	1.48	1.50	1.34	3.02
	2	1.13	1.53	1.56	1.41	3.02
	3	1.13	1.53	1.53	1.40	3.02

续表

桩号	位置	流速/(m/s)				水深 /m
		底	中	面	平均	
0±000	1		3.53		3.53	0.90
	2		3.46		3.46	0.90
	3		2.93		2.93	0.90
0+020	1		5.48		5.48	1.00
	2		5.53		5.53	1.00
	3		5.48		5.48	1.00
0+040	1		5.24		5.24	1.00
	2		6.01		6.01	1.00
	3		4.95		4.95	1.00
0+060	1	3.55	4.34	4.91	4.63	1.70
	2	3.64	3.86	4.84	4.35	1.70
	3	2.89	2.99	4.33	3.66	1.70

（a）试验过程中沿程水流流态

（b）堰坝破坏后

图 4.3-39　工况 5 试验过程中堰坝形态

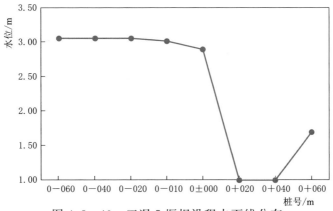

图 4.3-40 工况 5 堰坝沿程水面线分布

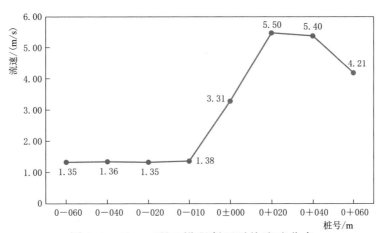

图 4.3-41 工况 5 沿程断面平均流速分布

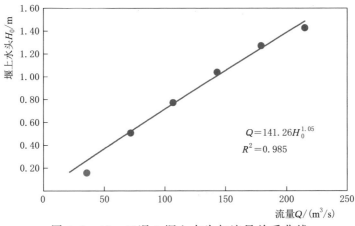

$$Q = 141.26 H_0^{1.05}$$
$$R^2 = 0.985$$

图 4.3-42 工况 5 堰上水头与流量关系曲线

试验观测成果如下：

a. 流速分布。 加堰坝后，堰前水位壅高，流速较无堰坝时小，堰后由于水位壅高落差增加，形成急流，断面流速增大，其中桩号 0＋020 断面，无堰坝断面平均流速为 2.60m/s，加堰坝后断面平均流速为 5.50m/s。

b. 沿程水位分布。 加堰坝后的堰前壅高为 1.50～1.52m。

c. 沿程流速变化。 加堰坝后水深增加，沿程流速减小约 40%，堰顶流速增大 112%。

d. 过流能力。 试验观测了该堰坝的过流能力，根据公式拟合可得

$$Q = 141.26 H_0^{1.05}$$

相关系数 $R^2 = 0.985$；适用范围：$0.161m \leqslant H_0 \leqslant 1.487m$。

6）工况：6：粒径 80～120cm，一级配，前坡 1：1，后坡 1：5，堰高 2m。试验时上游流量逐渐加大，当流量达到 252m³/s，即单宽流量 5.0m³/（s·m）时，堰坝堆石开始滚落，堰坝结构出现破坏。

沿程流速、水深分布情况见表 4.3－10，试验过程中堰坝形态如图 4.3－43 所示，沿程水面线及流速变化情况如图 4.3－44 和图 4.3－45 所示，堰上水头与流量关系如图 4.3－46 所示。

表 4.3－10　　　　　　工况 6 沿程流速、水深分布情况

桩号	位置	流速/（m/s）				水深/m
		底	中	面	平均	
0－060	1	1.04	1.28	1.25	1.19	3.54
	2	1.22	1.38	1.40	1.33	3.54
	3	1.45	1.64	1.70	1.60	3.54
0－040	1	1.04	1.23	1.33	1.20	3.54
	2	1.15	1.34	1.39	1.29	3.54
	3	1.40	1.47	1.72	1.53	3.54
0－020	1	1.05	1.24	1.42	1.24	3.54
	2	1.14	1.32	1.40	1.29	3.54
	3	1.32	1.57	1.65	1.51	3.54
0－010	1	1.05	1.24	1.46	1.25	3.52
	2	1.23	1.44	1.48	1.38	3.52
	3	0.99	1.22	1.58	1.27	3.52

桩号	位置	流速/(m/s)				水深 /m
		底	中	面	平均	
0±000	1		3.05		3.05	1.08
	2		3.72		3.72	1.08
	3		3.51		3.51	1.08
0+020	1		2.67		2.67	1.98
	2		3.20		3.20	1.98
	3		2.08		2.08	1.98
0+040	1		2.78		2.78	2.00
	2		3.68		3.68	2.00
	3		2.45		2.45	2.00
0+060	1		2.68		2.68	2.00
	2		3.09		3.09	2.00
	3		2.46		2.46	2.00

（a）沿程水流

（b）堰坝破坏后

图 4.3-43　工况 6 试验过程中堰坝形态

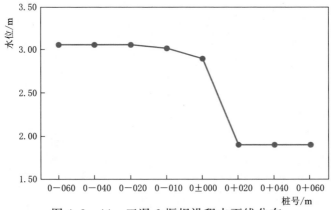

图 4.3-44 工况 6 堰坝沿程水面线分布

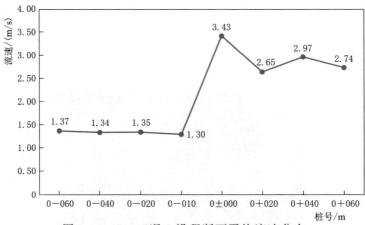

图 4.3-45 工况 6 沿程断面平均流速分布

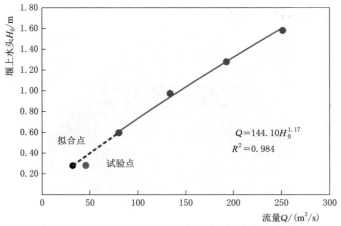

图 4.3-46 工况 6 堰上水头与流量关系曲线

试验观测成果如下：

a. 流速分布。 加堰坝后，堰前水位壅高，流速较无堰坝时小，堰后由于水位壅高落差增加，形成急流，断面流速增大，其中桩号 0＋020 断面，加堰坝后断面平均流速为 2.65m/s。

b. 沿程水位分布。 加堰坝后的堰前壅高为 1.44m。

c. 沿程流速变化。 加堰坝后水深增加沿程流速减小约 40%，堰顶流速增大 32%。

d. 过流能力。 试验观测了该堰坝的过流能力，根据公式拟合可得

$$Q = 144.10 H_0^{1.17}$$

相关系数 $R^2 = 0.984$；适用范围：$0.595\text{m} \leqslant H_0 \leqslant 1.580\text{m}$。

由于来流有一小部分从堆石间的缝隙通过，拟合曲线与常规堰坝有一点的差别。 特别是小流量时差异较大，如图 4.3－46 所示。

7）工况 7：粒径 20～40cm\60～100cm\80～120cm，三级配 2:1:3，前坡 1:1，后坡 1:3，堰高 2m。 沿程流速、水深分布情况见表 4.3－11，堰坝初始及破坏时形态如图 4.3－47 所示，堰上水头与流量关系如图 4.3－48 所示。

表 4.3－11　　　　　工况 7 沿程流速、水深分布情况

桩号	位置	流速/(m/s)				水深/m
		底	中	面	平均	
0－060	1	0.95	1.15	1.07	1.06	3.14
	2	1.17	1.28	1.37	1.27	3.14
	3	1.22	1.41	1.40	1.34	3.14
0－040	1					
	2					
	3					
0－020	1	0.93	1.12	1.15	1.07	3.10
	2	1.18	1.31	1.31	1.27	3.10
	3	1.13	1.41	1.39	1.31	3.10
0－010	1					
	2					
	3					

续表

桩号	位置	流速/(m/s)				水深/m
		底	中	面	平均	
0±000	1		3.36		3.36	1.06
	2		3.48		3.48	1.06
	3		3.10		3.10	1.06
0+020	1	1.49	1.69	1.85	1.68	2.00
	2	2.09	2.37	2.82	2.43	2.00
	3	2.02	3.12	3.48	2.87	2.00
0+040	1					2.00
	2					2.00
	3					2.00
0+060	1	1.63	1.76	1.80	1.73	2.00
	2	1.94	2.19	2.27	2.13	2.00
	3	2.13	2.35	2.62	2.37	2.00

（a）试验前

（b）堰坝破坏时

图 4.3－47　工况 7 试验过程中堰坝形态

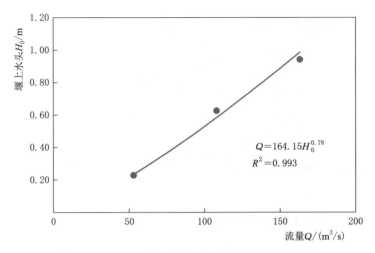

图 4.3-48 工况 7 堰上水头与流量关系曲线

试验观测成果如下：

a. 破坏流速。试验从小流量逐级加大流量，当流量达到 200m³/s 时，堰坝出现破坏。此时，堰顶断面平均流速为 3.3m/s。

b. 过流能力。试验观测了该堰坝的过流能力，根据公式拟合可得

$$Q = 164.15 H_0^{0.78}$$

相关系数 $R^2 = 0.993$；适用范围：$0.231m \leqslant H_0 \leqslant 0.945m$。

8）工况 8：20～40cm\60～100cm\80～120cm，三级配 1.75：1：1.75，前坡 1：1，后坡 1：5，堰高 2m。堰坝初始及破坏时形态如图 4.3-49 所示，堰上水头与流量关系如图 4.3-50 所示，沿程流速、水深分布情况见表 4.3-12。

试验观测成果如下：

a. 破坏流速。试验从小流量逐级加大流量，当流量达到 250m³/s 时，堰坝出现破坏。此时，堰顶断面平均流速为 3.7m/s。

b. 过流能力。试验观测了该堰坝的过流能力，根据公式拟合可得

$$Q = 125.70 H_0^{1.38}$$

相关系数 $R^2 = 1.000$；适用范围：$0.648m \leqslant H_0 \leqslant 1.415m$。

（a）试验前

（b）堰坝破坏时

图 4.3-49 工况 8 试验过程中堰坝形态

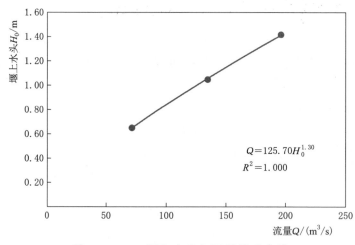

图 4.3-50 堰上水头与流量关系曲线

表 4.3 - 12 工况 8 沿程流速、水深分布情况

桩号	位置	流速/(m/s)				水深 /m
		底	中	面	平均	
0-060	1	1.12	1.30	1.35	1.26	3.14
	2	1.17	1.33	1.36	1.28	3.14
	3	1.35	1.56	1.66	1.52	3.14
0-040	1					
	2					
	3					
0-020	1	1.06	1.31	1.35	1.24	3.10
	2	1.16	1.40	1.42	1.33	3.10
	3	1.35	1.53	1.63	1.51	3.10
0-010	1					
	2					
	3					
0±000	1		3.27		3.27	1.26
	2		3.39		3.39	1.26
	3		4.35		4.35	1.26
0+020	1		2.07		2.07	2.00
	2		2.50		2.50	2.00
	3		3.82		3.82	2.00
0+040	1					
	2					
	3					
0+060	1		2.38		2.38	2.00
	2		2.98		2.98	2.00
	3		3.13		3.13	2.00

2. 试验成果分析

（1）散粒体堰坝过流能力公式。 根据《水力计算手册》，梯形断面堰（Ⅱ型堰）的流量系数一般介于宽顶堰与曲线型实用堰之间，其值为 0.33～0.46，并随相对堰顶厚度（δ/H）、相对堰高（H/P_1）和上下游坡比的不

同而不同。

　　试验观测了不同粒径下堰坝的过流能力，由图4.3-51可知，总体上规律是一致的；由于散粒体坝体本身的透水性，导致在相同堰上水头 H_0 下过流量大于实体堰，随着堰上水深增大其堰体本身透水流量占比减小。

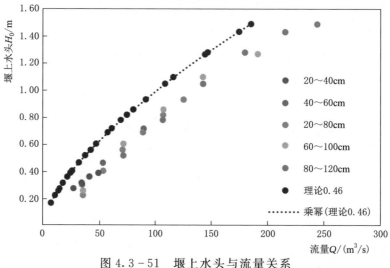

图 4.3-51　堰上水头与流量关系

　　（2）碎石粒径与单宽流量相关性分析。由于碎石形状不规则，做了如下处理：当碎石颗粒的粒径与某一直径的球体体积最相近时，就把该球体的直径作为该碎石颗粒的等效粒径。为了能够更好地反映碎石的粒径，随机取一定数量的石子样本进行测量。测量结果见表4.3-13，模型碎石等效粒径/质量与单宽流量见表4.3-14。

表 4.3-13　　　　模型碎石等效粒径/质量抽样测量计算

类别	模 型 尺 寸						换算原型尺寸	
序号	粒径组 /mm	石子体积 /10^3 mm^3	石子质量 /g	颗数	等效粒径 /mm	等效质量 /g	等效粒径 /mm	等效质量 /kg
1	40～60	620	1560	20	39.0	78.0	780	624
2	30～50	832	2387	50	31.7	47.7	634	382
3	20～40	640	1720	120	21.7	14.3	434	115
4	20～30	530	1344	140	19.3	9.6	387	77
5	10～20	326	862	186	15.0	4.6	299	37

表 4.3-14　　　　　　模型碎石等效粒径/质量与单宽流量

序号	粒径 /mm	等效粒径 D /mm	等效质量 G /kg	单宽流量 q /[m³/(s·m)]
1	40～60	780	624	4.8
2	30～50	634	382	3.8
3	20～40	434	115	2.9
4	20～30	387	77	2.0
5	10～20	299	37	1.0

1）根据表 4.3-14，点绘等效粒径 D 与单宽流量 q 拟合曲线（图 4.3-52）。经回归分析，给出了等效粒径 D 与单宽流量 q 的试验拟合公式：

$$D = 277.402 e^{0.256q} \qquad (4.4)$$

相关系数：$R^2 = 0.982$，试验范围：$1.0 \text{m}^3/(\text{s·m}) \leqslant q \leqslant 4.8 \text{m}^3/(\text{s·m})$。

2）根据表 4.3-14，点绘等效质量 G 与单宽流量 q 拟合曲线（图 4.3-53）。经回归分析，给出了等效质量 G 与单宽流量 q 的试验拟合公式：

$$G = 16.203 e^{0.77q} \qquad (4.5)$$

相关系数：$R^2 = 0.979$，试验范围：$1.0 \text{m}^3/(\text{s·m}) \leqslant q \leqslant 4.8 \text{m}^3/(\text{s·m})$。

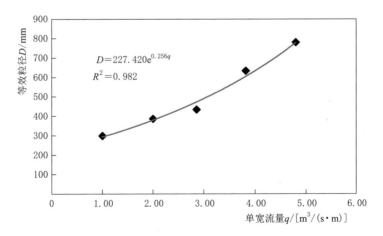

图 4.3-52　等效粒径 D 与单宽流量 q 拟合关系

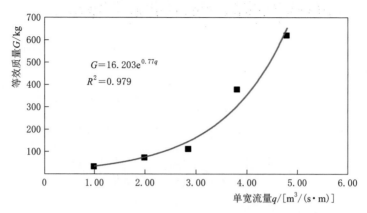

图 4.3-53　等效质量 G 与单宽流量 q 拟合关系

（3）堰型与抗冲流速相关性分析。试验在相同粒径条件下比较了两组不同堰型（主要比较不同背水坡）对抗冲流速的影响。试验观测表明：背水坡较缓，坝体稳定性有所提高，可抵抗的单宽流量略有增大，但不明显。两组堰型如图 4.3-54 所示，破坏时不同位置流速及单宽流量比较见表 4.3-15。

（4）级配与堰顶流速相关性分析。试验观测表明：三级配堰坝抗冲流速小于由最大粒径一级配堆砌的堰坝，接近中间组，见表 4.3-16。但是，需要进一步多方案试验比较才能得出。

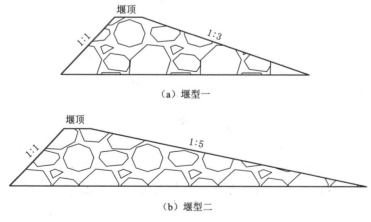

图 4.3-54　两组堰型横剖面示意图

表 4.3-15　　两组堰坝破坏时不同位置流速及单宽流量比较

粒径 /cm	位置	堰型	相　对　值			
			流速 /(m/s)	差值比 /%	单宽流量 /[m³/(s·m)]	差值比 /%
80~120	堰顶	前坡1:1 后坡1:3	3.3	4%	4.8	4%
		前坡1:1 后坡1:5	3.4		5.0	
	背水坡	前坡1:1 后坡1:3	4.5	11%	4.8	4%
		前坡1:1 后坡1:5	5.0		5.0	

表 4.3-16　　　　　　　　不同级配与堰顶流速关系

序号	堰型	级配（粒径）			破坏时堰顶流速 /(m/s)	单宽流量 /[m³/(s·m)]
		20~40cm	60~100cm	80~120cm		
1	堰型一： 前坡1:1 后坡1:3	1:0:0			2.5	1.0
2		0:1:0			3.9	3.8
3		0:0:1			5.3	4.8
4		2:1:3			4.0	3.8

4.3.2.5　试验结论及展望

1. 主要结论

（1）散粒体堰坝过流能力。 试验观测了不同粒径下的堰坝过流能力，总体上与理论堰流计算公式规律是一致的，但由于散粒体坝体本身的透水性，流量系数大于梯形断面堰（Ⅱ型堰）理论值 0.33~0.46，即在相同堰上水头 H_0 时过流量大。 随着堰上水深增大其堰体本身透水流量占比减小。

（2）等效粒径与单宽流量相关性。 为了避免模型试验中流速数据的不确定性，引入较为明确的单宽流量。 试验表明：总体上随着单宽流量的增大保证堰坝稳定所需粒径也越大，但是在单宽流量 3m³/（s·m）及以下曲线比较缓，之后曲线突然变陡斜率增大。

（3）堰坝背水坡坡比对坝体稳定性的影响。 试验观测了在同一粒径下两组不同背水坡堰坝的水力学特性。 试验观测的堰顶流速、单宽流量等背水坡 1：5 组略优于背水坡 1：3 组，但指标差异不明显。 结合水流流态、流速分布等指标，认为背水坡缓对堰坝稳定是有利的。

2. 值得进一步研究的问题及展望

（1）问题。

1）试验中散粒体密实度受人为影响大，几何尺寸等比例缩小后咬合力与原型是否一致需进一步研究。 该因素可能对试验结果有一定影响。

2）试验中粒径级配组次较为单一，级配比的选定没有统一标准，对试验结果可能产生一定偏差。

（2）展望。 采用现场原位试验等方式，获取原型散粒体堰坝的密实度、级配、材料几何尺寸、典型河道比降等基础数据，并考虑不同粒径、不同体型对堰坝自身稳定性的影响，进一步开展试验，以更加全面透彻地了解散粒体堰坝的水力特性，为工程推广应用提供技术指导。

4.4 生态需水及保障技术

河流是生态系统的重要组成部分，修复和改善河道生态，并实现水资源的合理配置，需科学合理地确定河道生态需水量。

河道生态需水与流域生态系统相辅相成，应符合水文气象的季节性特征，适应生态系统对水文条件的季节性要求。 生态需水目标与流域水资源开发利用需求以及民众对生态的认识和需求有关。 按降水成因，浙江全省大致可分为梅雨主控区、台风雨主控区和梅雨台风雨兼容区三种类型地区，且区域内水系多以山丘区中小河流为主。 在梅雨主控区、台风雨主控区和梅雨台风雨兼容区各选一个山丘区流量站进行河道内生态流量分析计算，按年历时保证率基本不变，对流量历时保证率法的各月生态需水量进行修正，体现以丰补枯、水热同步，更符合流域特征，成果与常用方法和评价标准的协调性好。

4.4.1 生态需水保障对象、目标和内容

河道生态需水量是将河道生态系统结构、功能和生态过程维持在一定水

平所需要的水量，指一定生态保护目标对应的水生态系统的水需量及其过程。生态需水是一个工程学的概念，它的含义及解决的途径，重在生物体所在环境的整体需水量（当然包含生物体自身的消耗水量）。它不仅与生态区的生物群体结构有关，还与生态区的气候、土壤、地质、水文条件及水质等关系密切。因此，"生态需（用）水量"与"生态环境需（用）水量"的含义及其计算方法应当是一致的。计算生态需（用）水量，实质上就是计算维持生态保护区生物群落稳定和可再生及维持栖息地所需的环境需水量，也即"生态环境需（用）水量"，而不是指生物群落机体的"耗水量"。对于水生生态系统生态需水量的确定，不能只考虑所需水量的多少，还应考虑在此水量下水质的好与坏。生态需水量的确定，首先要满足水生生态系统对水量的需要；其次要使水质能保证水生生态系统处于健康状态。

生态需（用）水量包括以下组成部分：

（1）保护水生生物栖息地的生态需水量。河流中的各类生物，特别是稀有物种和濒危物种是河流中的珍贵资源，保证维持这些水生生物健康栖息条件所需的生态需水量是至关重要的。需要根据代表性鱼类或水生植物的水量要求，确定一个上包线，设定不同时期不同河段的生态环境需水量。

（2）维持水体自净能力的需水量。河流水质被污染，将使河流的生态环境功能受到直接的破坏，因此，河道内必须留有一定的水量维持水体的自净功能。

（3）水面蒸发的生态需水量。当水面蒸发量高于降水量时，为维持河流系统的正常生态功能，必须从河道水面系统以外的水体进行弥补。根据水面面积、降水量、水面蒸发量，可求得相应各月的蒸发生态需水量。

（4）维持河流水沙平衡的需水量。对于多泥沙河流，为了输沙排沙，维持冲刷与侵蚀的动态平衡，需要一定的水量与之匹配。在一定输沙总量的要求下，输沙水量取决于水流含沙量的大小，对于北方河流系统而言，汛期的输沙量占全年输沙总量的80%以上。因此，可忽略非汛期较小的输沙水量。

（5）维持河流水盐平衡的生态需水量。对于沿海地区河流，由于枯水期海水透过海堤渗入地下水层，或者海水从河口沿河道上溯深入陆地，以及地表径流汇集了农田来水，使得河流中盐分浓度较高，可能满足不了灌溉用水的水质要求，甚至影响到水生生物的生存。因此，必须通过水资源的合理配置补充一定的淡水资源，以保证河流中具有一定的基流量或水体来维持水盐平衡。

对于山区性的中小河流来说，生态需水主要为保护生物栖息地、维持水体自净能力所需的水量。

4.4.2　中小河流生态需水计算方法

在进行水资源开发利用规划时，需统筹生活、生产和生态需水。在水资源紧张的区域，生产、生活、生态用水之间的胁迫非常明显，对河道生态需水目标无法定得很高，生态需水往往只是满足最基本的生态需求。在水资源丰富的区域，水资源开发利用程度可以相对低一些，河道生态需水目标自然就可以定得高一些，可以要求生态需水足以创造一个良好的生态环境。

国外早期关于河流生态环境需水量的研究主要针对河道枯水流量的研究。经过多年的研究，已形成一些相对成熟的河流生态需水估算方法，基本可以分为水文学法、水力学法、栖息地评价法、整体分析法四大类。不同的计算方法各有其适用条件和适用范围，在现阶段水文学法最适合于我国河道生态需水研究，可以作为区域和流域大空间尺度的宏观研究手段，但需要对其评价标准做进一步研究，以适合于我国河流要求。

水文条件是生态系统的一个重要的决定因素，湿润区不可能出现具有显著干旱区特性的生态系统，反之亦然。河道水文条件可以明显影响河道生态系统的结构和优劣，生态系统也会对水文条件产生一定的适应性。因此，确定河道生态环境需水量既要符合流域的水文特征，也要适应流域生态系统的特性。对于季节性明显的河流，河道生态需水应符合水文气象的季节性特征，也要适应生态系统对水文条件的季节性要求。以月或季为单位，以流量历时保证率为指标控制生态需水过程，是既能反映季节特征又能兼顾生态系统适应性的比较好的方式。考虑到可能存在的雨热不同季等问题，简单地以流量历时保证率为控制指标又显得简单粗暴，与生态系统的实际需求不相符。因此，对流量历时保证率法做适当改进是必要的。改进的流量历时保证率法在一定程度上考虑了区域内典型动物群的生存状态对水量的需求，是既能反映季节特征又能兼顾生态系统适应性的比较好的方式，且分析计算比较简单，较易推广应用。

4.4.2.1 基于改进流量历时保证率法的河道生态需水计算

流量历时保证率是流量在某一时段内（年内某一月、季度、一年）超过某一数值持续天数与时段总天数的比例。在流量历时保证率中，应用最广的是以年为时段的日平均流量历时保证率。绘制以年为时段的日平均流量历时曲线时，由于一年日数很多，一般以季或月为时段分组进行历时统计[178]。德克萨斯（Texas）法是在 Tennant 法的基础上进一步考虑了水文季节变化因素，采用某一保证率的月平均流量作为生态流量，月平均流量保证率的设定考虑了区域内典型动物群（鱼类总量和已知的水生物）的生存状态对水量的需求。德克萨斯（Texas）法首次考虑了不同的生物特性（如产卵期或孵化期）和区域水文特征（月流量变化大）条件下的月需水量，比现有的一些同类方法前进了一步，是一种典型的流量历时保证率法。

改进流量历时保证率法以长系列逐日平均流量为基础数据，资料系列应不少于 30 年且应尽量选择受人为影响较小的水文数据。为反映季节的变化，建议以月为单位，将各月的逐日流量从大到小依序排列，即 Q_{ij}（$i=1$，2，$\cdots$，N；$j=1$，2，$\cdots$，12）。Q_{1j}、Q_{Nj} 分别为年内第 j 个月流量序列中的最大、最小流量值。

再计算年内第 j 个月的历时保证率为 P_j 的流量 Q_{pj}，即

$$Q_{pj} = Q_j \mid P\left(Q_{ij} \geqslant Q_j\right) = P_j \qquad (4.6)$$

参照生态环境需水量等级划分研究成果[179]，以各月历时保证率为50%、60%、75%和90%的流量为各月达到优秀、良好、一般和基流等级的生态流量。

结合降水特征、气象条件、生态系统和水资源开发利用的需求，对流量历时保证率法做适当改进，在年历时保证率基本不变的条件下，根据经验直接对月历时保证率法计算结果在各月做平滑修正，更好地体现以丰补枯、水热同步，提出更符合流域特征的生态需水结果。

[计算案例] 浙江省为典型的亚热带季风气候区，四季分明，雨热同步，采用流量历时保证率法计算河道内生态需水具有独特优势。

按降水成因，大致可将浙江全省分为梅雨主控区、台风雨主控区和梅雨台风雨兼容区三种类型地区，且以山丘区中小河流为主。在梅雨主控区、台风雨主控区和梅雨台风雨兼容区各选一个山丘区流量站进行河道内生态流量分析计算（表 4.4-1）。

表 4.4-1　　　　　　　　　生 态 流 量 计 算 结 果

流量站	集水面积 /km²	多年平均流量 /(m³/s)	资料系列	备　注
长风站	2082	74.8	1957—1993 年	钱塘江流域、梅雨主控区
分水站	2630	76.9	1955—2001 年	钱塘江流域、梅雨台风雨兼容区
永嘉石柱站	1273	45.2	1956—2016 年	瓯江流域、台风雨主控区

经统计,各流量站各月平均流量与多年平均流量的比例如图 4.4-1 所示。

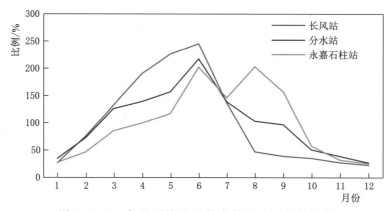

图 4.4-1　各月平均流量与多年平均流量的比例

由图 4.4-1 可知,长风站位于梅雨主控区,梅雨期降水明显比较多,台风雨期降水明显较少。 永嘉石柱站位于台风雨主控区,台风雨期的径流占比明显较高。 分水站位于梅雨台风雨兼容区,降水特征介于两者之间。

三个流量站各月历时保证率流量与多年平均流量的比例如图 4.4-2～图 4.4-4 所示。

由图 4.4-2～图 4.4-4 可知,各站各月历时保证率流量能够比较好地反映流域水文规律。 各月历时保证率为 50% 的累计径流量占多年平均径流量的 40%～50%,历时保证率为 60%、75% 和 90% 的累计径流量与多年平均径流量的比例分别为 30%～40%、20%～30% 和 10%～15%。 计算结果与《河湖生态环境需水计算规范》(SL/Z 712—2021)和《河湖生态需水评估导则(试行)》(SL/Z 479—2010)中的非常好、好、中、差四种生态环境状况的生态需水量比较匹配。 当河道内生态水量只达到基流等级时,所需生态水量约占多年平均径流量的 10%～15%,与国内的有关规范以及常用的以多年平均流量的 10% 作为基流的结果比较接近。

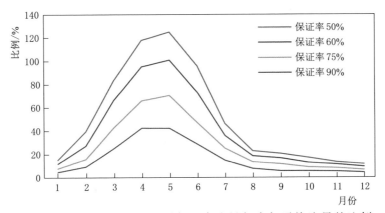

图 4.4-2 长风站各月历时保证率流量与多年平均流量的比例

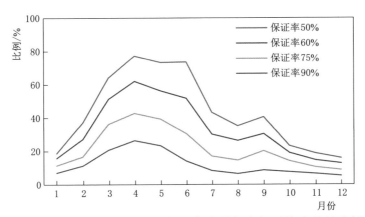

图 4.4-3 分水站各月历时保证率流量与多年平均流量的比例

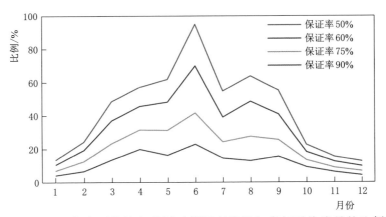

图 4.4-4 永嘉石柱站各月历时保证率流量与多年平均流量的比例

　　要使得河道内生态水量达到优秀等级，所需生态水量约占多年平均径流量的 40%～50%，加上可以作为生态脉冲的洪水，剩余的可利用水量约为40%，与常用的水资源开发利用程度上限 40% 比较接近。但是，河道流量在年内的分配是极不均匀的，最丰月与最枯月的比值高达 8～10。丰水期水量明显偏多，不利于水资源开发利用；枯水期水量略为偏少，特别是梅雨主控区的 7 月、8 月和 9 月，既是高温期，又是多数生物的越冬准备期，河道内应该有较大的流量。因此，对流量历时保证率法做适当修正是有必要的。

　　以年生态需水总量占多年平均径流量的约 40%、30%、20% 和 10% 且多年平均年历时保证率分别约为 50%、60%、75% 和 90% 作为达到优秀、良好、一般和基流等级的生态需水控制参数，最大月（4—6 月）需水量和最小月（11 月至次年 1 月）需水量分别取平均值的 150% 和 50%，其他月份综合考虑水文、气象和生态系统需要，需水过程实现平稳变化。经人为修正得到的三个站的生态需水结果见图 4.4-5 和表 4.4-2。

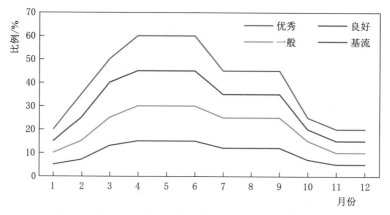

图 4.4-5　修正的生态流量与多年平均流量的比例

表 4.4-2　　　　　　　　　修正后的 R 和 P 成果

等级	长风站		分水站		永嘉石柱站	
	R/%	P/%	R/%	P/%	R/%	P/%
优秀	40.4	48.3	40.4	50.5	40.4	48.5
良好	30.8	57.9	30.8	61.3	30.8	58.2
一般	20.8	71.6	20.8	75.4	20.8	72.5
基流	10.3	90.7	10.3	91.9	10.3	91.9

　　注　R 为年生态需水量/多年平均径流量，P 为多年平均年历时保证率。

对比图 4.4-5 和图 4.4-2~图 4.4-4，修正后的各等级的年生态需水量略有减少，主要是丰水期生态流量减少较多，但枯水期生态流量略有增加，且年内生态需水过程更趋平稳，水热的同步性更好，更能体现生态系统的需求。当然，修正后，各月流量历时保证率有比较大的变化，但多年平均年历时保证率基本无变化。

参照基于生态水深-流速法的河段生态需水量计算方法中的中型山区河流鱼类水力生境参数参考标准，鱼类生境最低标准要求平均水深不小于 0.3m、平均流速不小于 0.3m/s、水域水面面积不小于 70%。按照这些参数估算鱼类生境最低流量（表 4.4-3）。

表 4.4-3　　基于生态水深-流速法的鱼类生境最低流量成果

流量站	附近河宽/m	鱼类生境最低流量/（m³/s）	R/%
长风站	180~220	12~14	16~19
分水站	150~250	10~16	13~21
永嘉石柱站	80~150	5~9	11~20

注　永嘉石柱站附近河道滩地发育，表中河宽为常水位河宽；R 为鱼类生境最低流量/多年平均流量。

由表 4.4-3 可以看出，三个站基于生态水深-流速法的鱼类生境最低流量大致应为多年平均流量的 13%~20%，介于图 4.4-5 汛期的生态流量等级"基流"和"一般"之间。基于常规理解，"基流"往往难以满足基本的生态需求，"一般"应该能够基本维持生态系统的正常状态。因此，图 4.4-5 的成果与基于生态水深-流速法的河道生态需水量评价标准有比较好的一致性。

计算结果也表明：要保证比较好的河道内生态需水量和过程，流域调蓄工程仍是必不可少的。以长风站为例，多年平均径流深超过 1100mm，但 8 月和 9 月为高温期且较易发生干旱，雨热不同步现象仍是显著的，不利于生态系统，需要经常通过工程补水改善生态系统的质量。

4.4.2.2　基于径流和气温过程的河道生态需水计算

上述基于改进流量历时保证率法的河道生态需水计算方法，其结果经过人为修正，各月生态需水量综合考虑了水文、气象和生态系统需要，需水过程变化平稳。为进一步减少人为修正过程的主观性，更加合理地确定各月生态需水，可以引入各月平均气温的调节因子，形成基于径流和气温过程的河道生态需水计算方法，以更客观地体现生态需水与河道内径流条件、环境气温条件之间的关系。基于径流和气温过程的河道生态需水计算方法和步骤如下：

（1）以月为确定生态需水过程的时段。

（2）计算各月历时保证率分别为 50%、60%、75% 和 90% 的流量。

（3）计算各月平均气温与多年平均气温的比值。考虑到浙江省的极端最低气温在 −10℃ 左右，参照活动积温的概念，计算时以 −10℃ 为基点。

（4）将流量和气温作为控制因子，分别赋予权重 A 和（$1.0−A$）。

（5）以生态需水量达到多年平均径流的 40%、30%、20% 和 10% 作为达到优秀、良好、一般和基流等级的生态需水量控制目标，分别以归一化处理后的各月历时保证率分别为 50%、60%、75% 和 90% 的流量以及各月平均气温的加权平均值作为各月生态需水的平均流量。

仍以浙江省的河道流量测站长风站、分水站、永嘉石柱站为典型河道断面，应用上述基于径流和气温过程的河道生态需水计算方法，以径流量和气温作为控制因子，权重均为 0.5，计算各站生态需水量（图 4.4−6～图 4.4−9）。

由图 4.4−2～图 4.4−4 以及图 4.4−6～图 4.4−9 可以看出，采用基于径流和气温过程的河道生态需水计算方法得到的河道内生态需水过程，综合体现了河道内径流和气温多年平均的过程特征，可以较好地体现河道生态系统对水文和气象条件的适应性需求，可以用于雨热基本同步的我国南方丰水地区中小河流无特定保障目标的河道内生态需水过程的确定。

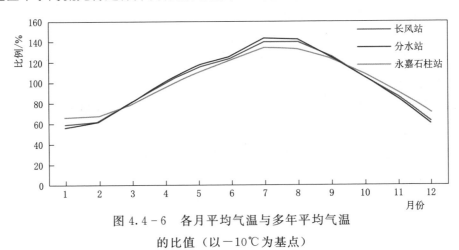

图 4.4−6 各月平均气温与多年平均气温
的比值（以 −10℃ 为基点）

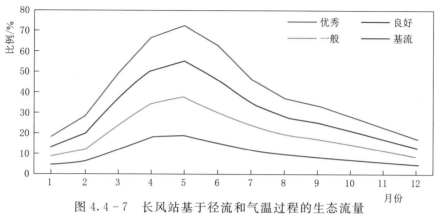

图 4.4-7 长风站基于径流和气温过程的生态流量
与多年平均流量的比例

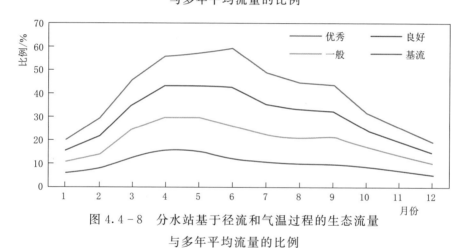

图 4.4-8 分水站基于径流和气温过程的生态流量
与多年平均流量的比例

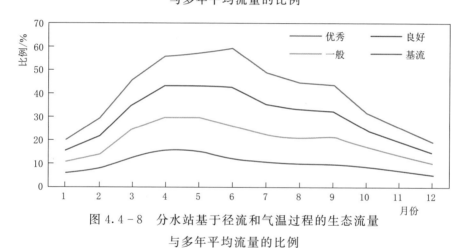

图 4.4-9 永嘉石柱站基于径流和气温过程的生态流量
与多年平均流量的比例

4.4.3　中小河流生态需水保障措施

为落实生态需水保障要求，需要建立水资源优化配置体系、水工程体系、水工程调度体系、控制断面监测管控体系、监督管理责任考核体系。

要充分考虑流域和区域水资源承载能力，统筹防洪、供水、生态、航运、发电等功能，合理配置生活、生产、生态用水。要以流域为单元，结合工程布局及用水需求，强化流域水资源统一调度和管理。要建立健全生态需水确定的程序，统一技术标准。建立生态流量（水位）监测预警与管控机制，持续进行水文、生态监测，详细分析水文、生态监测数据，评估改善水文条件后的生态效果，推行适应性管理策略。要建立生态需水目标责任制，明确控制断面生态需水保障要求，落实责任主体和监管部门。要制定生态用水保障方案，相关工作情况纳入最严格水资源管理制度和水污染防治行动计划绩效考核和责任追究。

4.4.4　水电站生态需水保障措施

为有效解决现有水电站因引水造成的河流减脱水情况，修复和恢复河流生境，水利部先后出台了《关于推进绿色小水电发展的指导意见》（水电〔2016〕441号）、《小水电增效扩容改造河流生态修复指导意见》（水电〔2016〕60号），并制定了《绿色小水电评价标准》（SL/T 752—2020）。

按照要求，水电站建设必须落实生态流量，通过增设放水设施等工程措施，满足水电站大坝下游河道生产、生活、生态用水需求。本书内容研究过程中，先后实地调研了丽水和绍兴区域的小水电运行情况，同时深入到相邻的安徽省实地走访当地小水电，了解生态流量下放情况，发现主要存在以下几个方面的问题。

（1）受资源开发理念、技术、政策等因素制约，部分早期开发建成的小水电装机容量较小，径流式电站占比高，以丽水市莲都区为例，径流式电站超过电站总数的85%，径流调节能力较差。

（2）部分水电站未明确生态流量下泄要求，明确下泄生态流量要求的水电站受天然来水、上游电站调度、环保理念、政策等因素影响，实际下泄比例不高，监管不到位。水电站泄流问题如图4.4-10所示。

保障水电站生态流量下泄，首先要分类核定生态流量。生态流量核定既

（a）莲都区白岸口电站无节制放水

（b）麻田水电站拦水坝无生态流量泄放设施

图 4.4-10　水电站泄流问题

要坚守水电生态红线，遵守法律法规、规程规范等要求，也要考虑实际情况，在上级政府或部门出台的生态流量分类核定办法的基础上，联合区生态环境部门组织开展核定工作，按不同地区、不同河流特征，综合考虑气象、水文等多方面因素，逐一对区域内小水电生态流量进行核定，并进行成果公示。涉及国家和地方重点保护、珍稀濒危物种或开发区域等有特殊用水要求的河段，应专题论证确定其生态流量。

其次要根据实际情况，提出适宜的泄流设施改造方案。通过实地踏勘发现，水电站多为径流式引水电站，拦水堰也以实体堰为主，无专用的生态流量泄放设施。

对于无生态流量泄放设施，引水堰坝或引水渠道渠首有条件改造的水电

177

站，建议在坝区适当位置增设生态放水管、虹吸管等设施，满足生态流量要求。 虹吸管虽然操作工艺简单，但后期维修养护比较麻烦，为减轻电站后期运行维护难度，建议采用 PE 管或钢管。

（1）坝体埋设泄放管。 采用明挖或非开挖水平定向钻技术，主要适用于低水头堰坝、翻板坝，可在堰坝坝身、翻板坝支墩等部位钻孔埋设泄放管。 该类电站改造涉及坝体开孔改造，施工要求相对容易。

（2）坝肩或引水渠道渠首钻孔敷设泄放管。 主要适用于较高的电站拦水坝，坝体钻孔难度较大时，可采用非开挖定向钻技术，在坝肩或引水渠首等部位钻孔敷设泄放管进行生态流量泄放（图 4.4-11）。

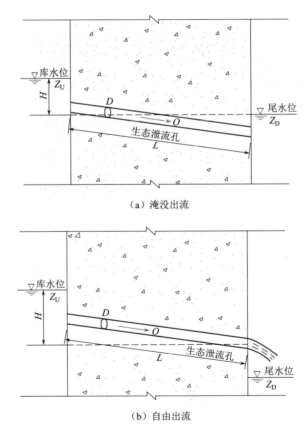

（a）淹没出流

（b）自由出流

图 4.4-11 生态泄水管布置示意图

拦水坝设有冲沙闸的堰坝引水式电站或坝后引水渠道渠首设有闸门设施的引水式电站，可通过闸门不完全关闭或调整闸门开度的方式，满足泄放生态流量要求。

该方案主要适用于大坝闸门较低的水电站，且要求改造技术简单，投资小，同时冲沙闸的启闭易于实施和管理，堰坝上游淤积堵塞情况也比较容易处理。该方案缺点是闸门的启闭角度难以精确控制，且闸门长期小角度泄流产生的振动可能造成构筑物结构疲劳。

该方案采用闸门限位方式，通过闸门行程控制器，实现冲沙闸小开度无节制下泄生态流量，以满足下游生态环境需要（图 4.4 - 12）。

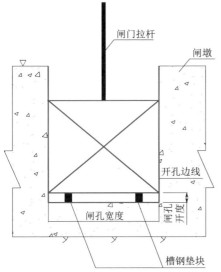 

图 4.4 - 12   利用闸门小开度泄流

对于有底孔设施（冲沙底孔、大坝放空洞等）的引水堰坝或大坝，一般布置有允许动水中启闭的深水闸门。为满足生态流量泄放要求，建议复核底孔设施的泄流能力，增设旁通管或闸门控制系统，调整调度运行方式，通过闸门或阀门控制泄流（图 4.4 - 13 和图 4.4 - 14）。

该方案通过大坝放空设施进行生态流量泄放，其泄流方式易于操作，但如果堰坝上游侧淤泥有机物含量高，下泄带泥浆的黑水可能影响下游水质。同时，该方案应用于纵向较长的坝型时，泄水管道易出现堵塞等问题。建议在汛期上游来水量较大时，适时进行排沙泄洪运行，及时清理坝前淤积，为非汛期生态流量泄放创造较好的泄流条件。

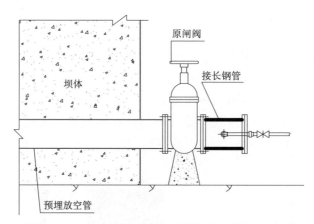

图 4.4-13 利用已有放空设施改造泄流示意图

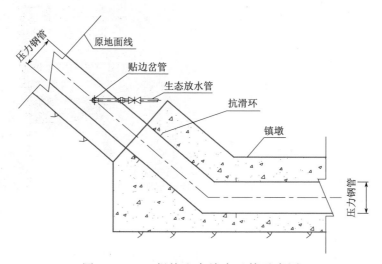

图 4.4-14 焊接生态放水叉管示意图

最后，还要建立生态流量监管信息平台，真正将生态流量泄放落到实处。生态流量泄放监测手段分为静态图像、动态视频、实时流量三种。监测方式有在线监测和离线监测两种。监测设施应具备数据（图像）采集、保存、上传、导出等功能，能满足水电站生态流量监管需要。

5

中小河流洪水管理及空间管控技术

/5.1　中小河流洪水管理/

5.1.1　合理设定小规模保护区的分级防洪标准

《防洪标准》(GB 50201—2014)中，常住人口少于20万的城市防护区，防洪标准为20~50年一遇；人口少于20万以及耕地面积少于30万亩的乡村防护区，防洪标准为10~20年一遇；人口密集、乡镇企业较发达或农作物高产的乡村防护区，其防洪标准可提高。尽管有"地广人稀或淹没损失较小的乡村防护区，其防洪标准可降低"的条文，该规定仍在事实上催生了防洪标准的"军备竞赛"。中小河流大范围防洪堤的建设必然导致下游大流域干流洪峰流量变大、洪水位抬高。浙江省钱塘江流域2011年6月和2017年6月的洪水，干流兰溪水文站洪水位都达到了1955年以来的最高值，都约为20年一遇。但当时上游的支流只发生了5~10年一遇甚至更小的洪水，支流洪水快速归槽对下游的影响在这两场洪水中表现明显。因此，细化防洪标准、实现适度设防、体现分级设防是必要的。

为体现分级设防的治理思路，避免过度治理，有必要针对小规模的防洪保护区进一步细分设定其防洪标准。南方丰水地区的中小河流大多位于山丘区，人口、耕地大多沿河谷分布，防洪保护区内往往人口密集，耕地资源相对缺乏。以浙江省为例，在中小河流内，除县级政府所在地以外,单个防洪保护区的人口数量几乎没有超过 10 万人的,且多数在 1 万人以下;单个防洪保护区的耕地也几乎没有超过 10 万亩的,且多数在 1 万亩以下。 因此,对于中小河流,在体现分级设防的思路下,采用相对较高的防洪标准是有必要的。 建议中小河流参照表 5.1-1 的标准设防。

表 5.1-1　　　　　　中 小 河 流 设 防 标 准

保　护　区	建议防洪标准
人口≥10 万人、县级政府所在地	30～50 年一遇
人口 1 万～10 万人、集镇区、农田≥10 万亩	20 年一遇
人口 0.1 万～1 万人、农田 1 万～10 万亩	10 年一遇
人口 0.01 万～0.1 万人、农田 0.1 万～1 万亩	5 年一遇
人口≤0.01 万人、农田≤0.1 万亩	只设护岸,防冲标准为 5 年一遇

注　1. 保护区性质、人口规模、农田规模中,有一项符合要求即可。
　　2. 以设施农业为主的农田保护区,其防洪标准经论证后可提高一级。

5.1.2　控制堤防安全超高

按照《堤防工程设计规范》(GB 50286—2013),防洪堤的堤顶高程为设计洪水位加堤顶超高,堤顶超高为波浪爬高、风壅水面高与安全加高值之和,且提出"山区河流洪水历时较短时,可适当降低安全加高值"。

在中小河流,洪水与大风同时出现的概率非常小。 此外,中小河流河面宽度小、坡降大,洪水流速大,即使有风,也很难吹起明显的风浪。 因此,设计洪水位与设计风浪、风壅水面高组合在一起的意义是不大的。 若不计风浪,安全加高宜适当取大值,可以按照不允许越浪的要求确定安全加高。

为体现适度有效、分级设防的理念,堤顶超高既不能过大,也不能过小。 超高过大,会导致实际防洪能力远超设计标准,不能体现分级设防的初衷;超高过小,会导致洪水略有超标,洪水即有漫堤的危险,不能体现适度有效的思想。 因此,以略高于设计标准的洪水位作为堤顶高程的控制参数是必要的。 例如,10 年一遇堤防的堤顶高程以 20 年一遇的洪水位作为控制条件(表 5.1-2)。

表 5.1-2　　　　　中小河流防洪堤的堤顶高程控制条件

防 洪 标 准	堤顶高程/m
50 年一遇	max（$H_{2\%}+0.8$，$H_{1\%}$）
30 年一遇	max（$H_{3.33\%}+0.7$，$H_{2\%}$）
20 年一遇	max（$H_{5\%}+0.5$，$H_{3.33\%}$）
10 年一遇	max（$H_{10\%}+0.4$，$H_{5\%}$）
5 年一遇	max（$H_{20\%}+0.4$，$H_{10\%}$）

5.1.3　管控流域蓄滞洪能力

中小河流洪水具有历时短、洪峰高、冲击力大的特点，对洪水的防御应以防冲为主、防淹为辅。防冲主要有两种方式：一种是加强防冲措施，这属于被动防御；另一种是削减洪水，这属于主动防御。提高流域蓄滞洪能力是实现主动防御的重要手段。

中小河流的蓄滞洪空间有水库（湖泊）、河道、特定的蓄滞洪区、各类防洪保护区等，河流和洪泛区是流域蓄滞洪空间的重要组成部分。中小河流的洪水管理思路应有几个特点：①防洪工程体系适度有效，并重视非工程体系建设；②防洪保护区都是洪泛区；③给河流以空间，与洪水共存；④加强洪泛区的管理，提高自适应能力。但在当前的中小河流防洪实践中，很少主动将防洪保护区当作洪泛区来对待，流域蓄滞洪空间和防护空间截然分开，各防护区之间存在防洪标准"军备竞赛"、应急抢险竞赛的问题，防洪保护区脆弱性越来越显著。因此，转变防洪理念、拓展洪泛区的概念、加强洪泛区的管理非常重要。

首先，要拓展洪泛区的概念。除了特殊情况，国内很少有人将常规的防洪保护区视作洪泛区，大多数人或多或少地存在防洪的绝对安全观。这是极其有害的，应向发达国家的洪水管理学习，拓展洪泛区的概念。遭遇高标准洪水时，为保障高标准防洪保护区的安全，应将低标准的防洪保护区作为洪泛区，通过库堤联调的方式，主动向低标准防洪保护区有序滞洪，实现弃保有序。同时应避免堤防在内外水头差大时大范围漫顶。

其次，保护流域蓄滞洪空间。通过防洪规划明确防洪工程体系和布局，并进一步确定各级防洪标准下的流域蓄滞洪空间。任何一个防洪保护区，若需提高防洪标准，则应按照功能等效替代的原则，在流域内另行新增蓄滞洪空间，以确保在同等条件下的流域洪情不恶化。

再次，需将流域作为一个整体，研究制定中小河流蓄滞洪空间的保护和管理制度，提出各类蓄滞洪空间的计算要求和方法，明确蓄滞洪空间规划布局的原则、目标、要求和方法，规范调整蓄滞洪空间的行为，提出蓄滞洪空间对防洪影响的计算手段、方法和技术要求。例如，以流域（区域）为单元，若流域（区域）内某个防洪保护区的防洪标准由 10 年一遇提高到了 20 年一遇，即视为该流域（区域）应对 20 年一遇洪水的蓄滞洪空间被减少了，应在流域（区域）内采取措施予以补偿，恢复流域（区域）应对 20 年一遇洪水的蓄滞洪空间至调整前的规模和防洪效果。

最后，以洪水保险为支撑，实现分级设防、有序弃保、流域蓄滞洪空间保护措施的落地。

分级设防、有序弃保、流域蓄滞洪空间保护等措施都体现了"两害相权取其轻"的思想，但实际上都没有体现社会公平的原则，反而会导致人类在应对洪水灾害时的更大的社会不公。洪水保险是解决这类社会不公的重要手段，应予以深入研究、大力推广。

5.1.4　设置滚水坝和开口堤

完全封闭的防洪包围圈作为中小河流设防标准内的防洪措施是合适的，但若作为针对超标准洪水的防御措施，则存在被动防御、可操作性差、各防护区之间存在应急抢险竞赛、易发生突发性溃堤等问题。在规划设计时，需充分考虑在山丘区中小河流的防洪包围圈上建设开口堤、滚水坝等设施。洪水超标即自动进水，以真正实现有序弃保、分级设防，也可以大大降低突发性溃堤风险。设置开口堤或滚水坝后，在溃堤或洪水漫堤以前，防洪保护区内往往已经进水，防洪堤内外水位差比较小，可以大大减小溃堤或漫堤洪水对保护区的冲击，进而减少灾损。

开口堤或滚水坝的顶高程应与设计洪水位相同，同时应加强消能防冲措施。开口堤、滚水坝一般宜布置在防洪包围圈的堤防上游端，以有助于及时降低整个包围圈防洪堤的洪水位，在发挥削减洪峰作用的同时，实现对防洪堤一定程度的保护。若保护区沿河地面坡度大，一方面溃堤或漫堤洪水可能严重冲刷堤后地面；另一方面，这样的地形条件大多不能提供充足的滞洪空间，削减洪峰的效果有限，则应审慎设置或不设置开口堤或滚水坝，以免得不偿失。

5.1.5 加强洪泛区管理

所有的防洪保护区在遭遇超标准洪水时应视为洪泛区。

为合理发展洪泛区的经济并减小洪灾损失，应根据防洪标准及淹没后的危害程度对洪泛区进行区划，如划分为禁止开发区、限制开发区和允许开发区等。 洪泛区的划分要因地制宜进行比较，目前还没有统一的划分标准，一般根据地形、洪水频率、淹没水深、流速以及可能造成危害的程度进行划分。 洪泛区划分与管理要统筹安排，使每个区域限于一定用途，一般将低洼易涝的地方划为行洪、蓄洪、滞洪区；把地势较高，一般不易受洪水淹没或修筑有较高标准堤防保护的地方划为允许开发区。

在区划的基础上，应制定法律法规对洪泛区实行管理，保持洪泛区内划定区域的行洪、滞洪功能，统筹安排土地利用；限制与洪水威胁不相适应的经济和社会发展计划，并采取减小洪灾损失的措施。

在洪泛区内，应提出减轻洪水的农业用地形式，推行减轻洪水影响的建筑方案，在建设区内减少污水、考虑雨水下渗等。 要建设和完善洪水预报预警系统，多渠道传输和发布洪水信息，提高洪水预警时间。 开发利用洪泛区时应充分考虑洪水风险，通过保险来平衡洪灾损失。 要广泛宣传洪水风险，使人们认清洪水风险，这在被保护地区尤为重要。

$\big/$ 5.2　中小河流的空间管控 $\big/$

5.2.1　河流空间划定

河道划界对提升河道管理能力，改善城市市容市貌，保护堤防工程，发挥河道行洪排涝作用，明确水管单位日常管理保护范围等具有重要意义。

5.2.1.1　基本概念

河道的确权是指对管理范围内的土地使用权进行确认，划界是指规划河道的管理范围。 河道的管理范围和确权范围是河道执法和管理的前提条件，是河道行洪和堤防安全的保障，同时，规范河道开发红线，实现人与自然和谐相处,确权划界是重要保障。

5.2.1.2　划界必要性

中共中央办公厅、国务院办公厅《关于全面推行河长制的意见》提出要严格水域岸线等水生态空间管控,依法划定河湖管理范围。落实规划岸线分区管理要求,强化岸线保护和节约集约利用。严禁以各种名义侵占河道、围垦湖泊、非法采砂,对岸线乱占滥用、多占少用、占而不用等突出问题开展清理整治,恢复河湖水域岸线生态功能。

《浙江省水域保护办法》提出要强化规划实施监管、强化水域总量与功能监管、强化水域管理属地政府负责制与责任追究制。基本水面率要纳入生态建设考核评价、河(湖)长制考核评价和领导干部自然资源资产离任审计范围。

划界确权是进行河道管理的前提。河道管理是运用法律、行政、工程、技术、经济等管理手段,有效地控制人们在河道管理范围内的活动。明确河道管理保护范围,才能依照法律开展河道管理,确保河道行洪排涝安全。因此,明确河道管理保护范围,对河道进行划界是依法管理河道的前提。划界也是发挥河道功能的必要前提,河道未进行划界时,会被任意侵占而造成河道缩窄,划界后可以根据划定的管理保护范围开展河道综合整治,有利于河道综合功能的发挥。

5.2.1.3　河道空间划界和管控对策

基于南方丰水地区人多地少的现实,中小河流的河道空间划界和管控应以“属性复合、空间重合、功能融合”为改革方向,注重发挥河流空间的多重功能,节约集约利用土地,创新土地属性管理,创设多属性、多功能土地空间,为中小河流更好地服务社会发展开拓更宽阔的政策空间。

1.河道临水线的划设

基于人多地少的历史和现实,山丘区存在大量的无堤防河道。这些河道大多只有驳坎,驳坎顶高程与两岸地面相同,河道两岸即为农田。这些驳坎圈围固定的河道空间,在很大程度上只是“中水河槽”,防洪标准是很低的,稍大一些的洪水就会越过驳坎漫向两岸(图5.2-1)。

按照浙江省自然资源厅和浙江省水利厅2019年7月印发的《浙江省水域调查技术导则(修订)》(以下简称《导则》),要厘清水域保护和岸线管控具体范围,划定水面线、临水线、水域管理范围线“三线”空间。其中水面线是指河湖等水域常水位所对应的水面外边线,临水线是指水域范围的外边

图 5.2-1 山丘区"中水河槽"

线。 有岸线无堤防和构筑物的河道,可通过调查历史洪痕或根据地形图,结合影像图勾绘临水线(图 5.2-2)。 结合影像图勾绘的临水线,往往只能是河道驳坎线,据此划设的水域范围只是"中水河槽"的范围,不利于洪泛区的管控、可能需要的防洪工程建设、流域的洪水管理等工作。

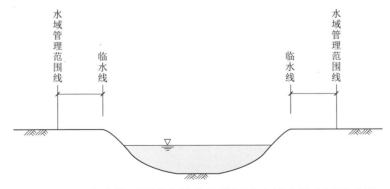

图 5.2-2 有岸线无堤防和构筑物的河道水域边界范围示意图

因此，有岸线无堤防和构筑物的山丘区河道，临水线的划设很难通过调查历史洪痕勾绘，也不能简单地根据地形图结合影像图勾绘。要根据水动力计算结果，根据地形图结合影像图，在河槽与两岸地面交界线的基础上，根据需要适当向河槽两岸拓展，以河槽两岸附近的道路等线状设施边界为临水线，构建事实上的"以路为堤"等防洪格局，还河道以空间，给洪水以空间。

2. 河滩地的管理

由于历史原因，河道管理范围的水域和陆域空间涉及大量的农业、交通等设施，特别是存在大量的农用地、基本农田甚至永久基本农田。这些空间功能复杂、权属不清、矛盾突出，给河道管理范围的划界带来了很大困扰。目前对于这类河道，在管理范围划界时往往采用回避或者图上划界范围与实际管理不一致的做法。

按照《导则》，山丘区河道水域调查要结合第三次全国国土调查成果，统筹现有水域成果资料。水域面积是指临水线所围成的区域面积，同时要做好与第三次全国国土调查成果的衔接，实现"不重不漏"。

《土地利用现状分类》（GB/T 21010—2017）（以下简称《土地分类》）中，水域及水利设施用地为一级地类，是指陆地水域、滩涂、沟渠、沼泽、水工建筑物等用地，不包括滞洪区和已垦滩涂中的耕地、园地、林地、城镇、村庄、道路等用地。该地类又细分为河流水面、内陆滩涂等十大二级地类，其中河流水面是指河流常水位岸线之间的水面，内陆滩涂指河流常水位至洪水位间的滩地但不包括已利用的滩地。《第三次全国国土调查技术规程》（TD/T 1055—2019）（以下简称《三调规程》）中，对河流水面的规定是相同的，但将内陆滩涂划为湿地（湿地为一级地类）。《土地分类》和《三调规程》都将平均每年能保证收获一季的已垦滩地作为耕地。

《导则》规定水面线采用第三次全国国土调查成果，与《三调规程》和《土地分类》对河流水面的规定相匹配，河道两岸水面线之间的区域可以明确为水域及水利设施用地，上述几个规定之间没有矛盾。但对于水面线与临水线之间的区域，上述三个规定之间是有明显差异的：《导则》认为是水域；《土地分类》将已垦滩地作为耕地，未垦滩地作为水域；《三调规程》将已垦滩地作为耕地，未垦滩地作为湿地。另外，《中华人民共和国土地管理法》将河流水面和内陆滩涂作为未利用地、水工建筑用地作为建设用地、水库水面作为农用地。 而且,《中华人民共和国土地管理法》明确国家对耕地实行特殊保护,实行永久基本农田保护制度,水利设施等重点建设项目选址确实难以避让永久基本农田,涉及农用地转用或者土地征收的,必须经国务院批准。 因此,对于水面线与临水线之间的河滩地,要根据实际情况明确管理要求。

可以将河道水域分为一般水域和特殊水域两类。 水面线范围内的区域为常水位区域,应为一般水域。 水面线与临水线之间的区域应按照明确属性、功能融合、创新管理的原则根据已垦与未垦再区别对待。

考虑到我国人多地少、耕地保护压力巨大的现实,根据《三调规程》,可以将已垦滩地统一认定为耕地,但仍要算作是水域,可以按照特殊水域进行管理。 对于这类认定为耕地的特殊水域,应明确只能作为耕地使用,且不得在这类耕地上搞设施农业等高附加值的、遭遇洪灾时可能损失较大的农业。对这类耕地的保护,一般只限于防冲不防淹,设置驳坎进行防护,洪水期仍应保证能正常行洪。

对于未垦滩地,《土地分类》将其作为水域,《三调规程》将其作为湿地。建议将其统一明确认定为水域,且应为一般水域。 未垦滩地是天然河道不可分割的一部分,是天然的洪泛区,理应作为河道水域用地的一部分,由水利部门为主进行管理。 我国当前的湿地主管部门为林业部门,水域本身具有湿地的功能,但若将未垦滩地认定为湿地,将会引起管理混乱,不利于河道的统一管理,也不利于防洪工作。 当然,未垦滩地可以按照湿地功能的要求进行管理和保护,但前提是要保障防洪安全,要以承担河道功能为主。

5.2.2 浙江省河道空间管控案例

针对浙江省安吉县、新昌县的河道划界需求,开展了安吉县3条共82km县级河道的划界以及新昌县新昌江干流(部分)和澄潭江干流(部分)的河道划界工作。 划界过程中涉及许多与农田有关的临水线确定问题,最终都按照本书确定的"属性复合、空间重合、功能融合"方式进行处理,兼顾了耕地保护、土地指标、水域保护、河道管理、洪水管理等各方面的需求。 实践证明,这是一个符合实际、因地制宜、实事求是、切实可行的方法。 临水线划设典型河段如图5.2-3和图5.2-4所示,安吉县河道临水线涉及耕地的河段及耕地面积见表5.2-3。

图 5.2-3　澄潭江某河段临水线划设结果

（注：位于澄潭江与左圩江汇合口下游约 1.5km 处。现状河宽不足，
右岸为山体，左岸为农田。左岸临水线划在乡村道路边缘，
涉及岸线 1.8km、农田 120 亩。）

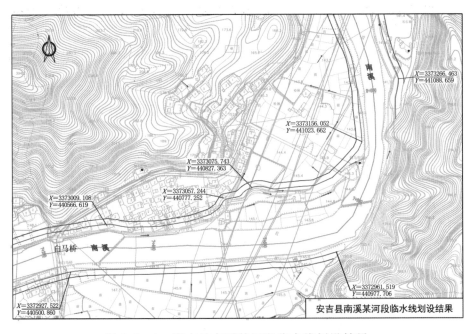

图 5.2-4　安吉县南溪某河段临水线划设结果

（注：位于安吉县老石坎水库上游约 5.6km 处。现状河宽不足，右岸为山体，左岸为农田。
左岸临水线划在省道路边缘，涉及岸线 0.5km、农田 21.2 亩。）

表 5.2-3　　安吉县河道临水线涉及耕地的河段及耕地面积

序号	河道名称	桩　号	岸别	长度/m	面积/亩
1	西溪 （赋石水库以上）	16＋220～16＋450	左岸	230	8.2
2		17＋300～19＋810	左岸	2510	96.4
3		21＋400～21＋810	右岸	410	4.2
4		22＋610～23＋000	右岸	390	23.9
5		24＋770～27＋700	右岸	2930	230.9
6	西溪 （赋石水库以下）	5＋100～5＋650	右岸	550	29.3
7		6＋300～7＋380	右岸	1080	93.1
8	南溪 （老石坎水库以上）	5＋100～5＋300	左岸	200	6.3
9		7＋400～7＋900	左岸	500	21.2
10		9＋050～9＋650	左岸	600	27.5
11		9＋750～10＋050	右岸	300	18.0
12		11＋000～11＋500	左岸	500	12.7
13		11＋800～12＋300	右岸	500	27.7
14	昆铜港	2＋550～3＋050	左岸	500	20.0
合计				11200	619.4

5.2.3　上海市河道空间管控案例

1. 河道蓝线的管控

根据《上海市河道管理条例》，河道的管理与保护的主要规划保护方式是河道水系蓝线规划管控，并且逐渐探索形成保护河湖水面积、确保防汛安全、加强河道用地控制的长效化管理机制。河道水系蓝线的划示要遵循"科学划定，依规实施；弹性适应，动态更新"的原则。

中心城区河道两侧用地性质基本确定，河道蓝线宜维持现状平面线形，部分河段可结合周边绿地改变平面线形或以设计不同宽度水生植物种植平台的方式，增强河道蜿蜒性和景观性。

（1）普陀区横港河。中心城区中小河道，局部河段与周边绿地相结合，在平面上扩大河口宽度，设置河中小岛，部分岸线改为蜿蜒曲线；对于直线岸段，调整墙前挺水物的种植平面形态，形成曲线的视觉效果。

横港河道大致呈东西走向，西端经横港泵站入桃浦河，向东约900m至富水路附近向西折50°左右通大场浦。 工程范围为真金路以西河道，全长1153m，河道中心线按规划布置，基本上采取沿原河疏拓方式，设计河道中心除局部有小角度折角外，基本上呈直线布置。 为了景观的需要，在横港河道南岸至富水路之间建造面积约1.97万m²的公共绿地；在横港泵站及周边建筑约2700m²的公共绿地，河道岸线局部为满足自然要求而稍做凹凸弯曲，其余岸线走向与河道中心线一致（图5.2-5）。

图5.2-5 横港河

郊区城镇河道蓝线基本划定，但局部沿河用地性质未确定的岸段蓝线可略做调整，形成自然的河道平面线形。

（2）崇明区运粮河。 崇明区运粮河是城桥新城里的一条支河，在一师附小河段建设时，规划蓝线划示工作与工程设计工作同期启动，根据崇明区"世界级生态岛"的发展目标以及城桥新城排水情况，采用曲折蜿蜒河道蓝线，且在规划过程中实现了"水绿统筹"（图5.2-6）。

郊野乡村保留河道应保持原有河道岸线自然线形，新开支级河道可在实施阶段对原直线段蓝线进行调整，尽量形成自然蜿蜒的河道走向。

（3）大沥港上游河道防洪工程（一期）。 大沥港上游河道防洪工程的建设对健全区域防洪体系，提高区域防汛除涝能力至关重要。 河道布置按规划蓝线实施，考虑现状河道的走向，在满足防洪排涝的前提下，兼顾内河航运通航要求（图5.2-7）。 相关工程是《太湖流域防洪规划》中防洪工程总体布局的重要组成部分，为上海市"十二五"期间唯一列入水利部的项目。

图 5.2-6 运粮河

图 5.2-7 大泖港

2. 河道周边土地融合利用

在保证河道功能及规模的前提下，河道的土地利用应遵循"集约节约，水岸统筹；指标整合，水绿交融"的原则。

城镇建设区中的河道应统筹水绿指标，打破水绿用地边界，弹性控制，合理确定非水域用地中的河湖水面率，统筹核算河湖及滨水陆域的河湖水面率。城镇建设区内现状公园、楔形绿地、大专院校、居住用地中的与外界连通河湖水系在不改变原用地性质的前提下可计入区域河湖水面积。城市集建区中公共活动型和生活服务型河道可结合河道陆域用地功能设置二级挡

193

墙，一级挡墙和二级挡墙间以休闲、景观、绿化功能为主，在高水位时可以淹没。　一级挡墙和二级挡墙间用地是绿化用地和水域用地的空间叠加，常水位时为绿化用地，高水位时为水域用地。

如徐汇区在黄浦江、淀浦河、蒲汇塘等骨干河道局部段结合城市景观设置了二级防汛墙。　这些河段根据刚性控制的河道蓝线设置了一级防汛墙，其高度一般比常水位高，但尚未达到其河段的防汛标准，而二级防汛墙高度按相对应的防汛标准控制。　平时一级挡墙和二级挡墙间以休闲、景观等绿化用地为主，在高水位时可以淹没。　这部分用地在常水位时为绿化，高水位时是水域，是绿化用地和水域用地的空间叠加（图 5.2-8 和图 5.2-9）。

图 5.2-8　蒲汇塘徐汇区段

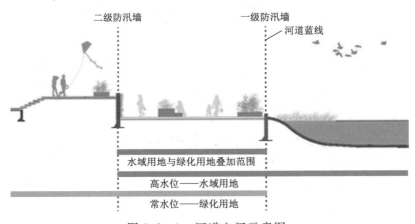

图 5.2-9　河道空间示意图

6

主要成果与展望

/6.1 主 要 研 究 成 果/

本书研究项目以浙江省作为南方丰水地区的典型代表，通过对浙江省中小河流调研，发现中小河流治理过程中存在的问题，针对问题和需求，通过理论研究、原位试验和物理模型试验等手段开展研究，主要成果如下：

（1）针对浙江省中小河流治理现状，开展了全面系统的研究，分析提出了典型南方丰水地区中小河流的治理需求。

（2）基于幸福河的中小河流治理目标导向，提出了中小河流分类指标体系。

（3）构建了以"河流幸福指数"为总目标，包含水灾害防御、水生态保护、水管理服务、水宜居和谐、水文化传承、水经济发展等六个方面、17 项指标的目标体系，并提出了关键指标。运用幸福指数目标体系对 9 个典型流域的治理状况进行了评判，结果表明，该指标体系能够较好地反映典型流域综合治理的实际情况。

（4）在前人研究的基础上，初步构建了包括河流地貌概念、结构、整治原则以及保护和修复技术在内的河流地貌整治技术体系。

（5）在前人研究的基础上，拓展了生态堤岸构建技术，开展了新型河道生态护坡技术的原位试验，对护坡结构型式和适用条件得出较好的数据和结论，对推进中小河流生态治理提供了更多的技术选择空间。

（6）在前人研究的基础上，拓展了生态堰坝治理技术，开展了新型散粒体堰坝物模试验。针对不同粒径散粒体坝体开展模拟，得到了散粒体堰坝过流能力、等效粒径与堰坝单宽流量相关性和堰坝背水坡坡比对坝体稳定性的影响数据，为生态堰坝建设提供了更多的可能性。

（7）提出了基于改进流量历时保证率法、基于径流和气温过程的河道生态需水计算方法。这两种方法都简单易行，适用于不需要关注生态需水特定保障对象的南方丰水地区山区性河流生态需水的确定，对中小河流生态需水保障有切实的参考价值，拓展了河道生态需水计算方法。

（8）拓展了洪泛区的概念内涵，认为所有的防洪保护区在遭遇超标准洪水时应视为洪泛区。提出了流域蓄滞洪能力的概念、以管控流域蓄滞洪能力为抓手的洪水管控新思路，并提出了相应的工程措施和管理政策建议。

（9）提出了中小河流空间管控的基本思路，并提供了浙江省和上海市对于河道空间管控的典型做法。

6.2　创　新　点

1. 发展了中小河流治理的理论体系

（1）建立了基于幸福河导向的中小河流分类和评价体系。将中小河流作为由生态、经济和社会等子系统组成的复合系统，以生态、经济和社会指标，概括了幸福河建设理念，形成了针对南方丰水地区中小河流的具有刻画、描述、评价、解析和决策等功能的基于幸福河导向的分类和评价体系。建立了适用于南方丰水地区中小河流的分类和评价指标的判据体系，并将该体系应用于浙江省的典型流域，实证了其科学性和实用性，对于南方丰水地区中小河流治理需求识别和治理导向辨识具有指导意义。

（2）完善了河道堤防护岸的防洪标准体系。基于南方丰水地区中小河流大多位于山丘区、防洪保护对象分散且规模小的特点，提出了小规模防洪保护区的分级防洪标准，完善了防洪标准体系，解决了小规模防洪保护区防洪标准无明确规范的困境。基于适度有效、分级设防的理念，为扭转防洪"军备竞赛"、洪水位越治越高的被动局面，形成了控制中小河流堤防的设计安全超高的思路，提出了具体的堤防设计安全超高控制标准，突破了现有的河道堤防安全设计规范。

（3）发展了流域防洪理论体系。 拓展了洪泛区的概念内涵，认为所有的防洪保护区在遭遇超标准洪水时都应为洪泛区。 提出了流域蓄滞洪能力的概念，以及适度有效、分级设防的中小河流防洪宗旨，创造性地提出了以管控流域蓄滞洪能力为抓手、"属性复合、空间重合、功能融合"的河流空间管控政策建议，发展了河流空间管控的理论体系。 初步形成了包括控制防洪标准和堤顶安全超高、设置滚水坝和开口堤等措施的山区性中小河流洪水管理工程技术体系，发展了流域防洪理论体系。

2. 研发了中小河流生态治理新技术

（1）研发了中小河流生态堤岸技术解决新方案。 研究了生态护坡系统的土力学、水力学、结构力学、植物学机理特性，开展了典型泥砌块石植草护坡的抗冲试验，研发了一种泥砌块石植草护坡，推荐了该护坡的技术方案并明确了其抗冲适用性，并获得了相关专利 3 项。

（2）丰富了中小河流生态堰坝技术解决方案。 研究了散粒体堰坝水力学和结构稳定机理特性，开展了新型散粒体堰坝物理模型试验，得到了散粒体堰坝的水力学特性和结构稳定特性，可以为生态堰坝建设提供更多的可能性。

（3）发展了中小河流生态需水计算方法。 提出了河道生态系统对流域水文气象条件的适应性概念，形成了基于改进流量历时保证率法的河道生态需水计算方法、基于径流和气温过程的河道生态需水计算方法，这两种计算方法具有一定的生态适应性理论基础，计算参数容易获取，计算方法简单易行，可操作性强，创新了南方丰水地区中小河流无特定保障目标的河道内生态需水过程的研究思路。

3. 集成了南方丰水地区中小河流治理技术体系

（1）建立了治理需求和目标的技术体系。 以基于幸福河导向的南方丰水地区中小河流分类指标体系和幸福程度评价体系为主要手段，建立了识别中小河流治理需求、治理方向和治理目标的技术体系和方法，建立了评价河流幸福程度的技术体系和方法，提供了南方丰水地区中小河流治理在规划策划阶段的技术指引。

（2）发展了治理内容和措施的技术体系。 为实现"安全、健康、生态、宜居、和谐、富民"的幸福河湖治理目标，认为中小河流治理应包括河流地貌整治、生态堤岸建设、生态堰坝建设、生态需水保障等内容，探索并发展了生态堤岸、生态堰坝等治理技术，提供了南方丰水地区中小河流治理在实施阶段的技术指引。

（3）建立了治理约束和管控的技术体系。 在创新发展了中小流域洪水管理和空间管控理论的基础上，建立了洪水管理的技术体系，提出了具体且可操作的洪水管理技术措施，形成了空间管控的政策建议，提供了南方丰水地区中小河流治理在管控阶段的技术指引。

/6.3 展　　望/

受时间和各方面条件所限，部分问题和需求未能深入研究，两个工程技术试验还存在一些问题未能解决，下阶段根据幸福河湖建设的要求，主要针对以下内容进行持续研究：

（1）在现有侧重自然和工程属性目标体系的基础上，按照幸福河的要求，加入更多服务功能方面的指标，以体现中小河流更加"综合"的本色，表达人民群众的获得感和幸福感。

（2）开展中小河流堰坝建设关键技术研究工作，制定一套完整的中小河流堰坝建设技术体系，包括堰坝选址布置体系、生物友好性的堰坝建设结构设计体系，进行堰坝建设前后河床形态与肌理的影响分析。

（3）对于新型河道生态护坡采用常规的块石或卵石与黏性土混砌，并采用不同土料，比选适宜的护坡抗冲植被品种，进一步加大试块尺寸，改进试验方式，开展进一步的试验研究。

（4）开展减少水利占地的多功能堤防创新形式与设计思路研究，在保障安全、避免功能冲突的前提下，创新堤防设计与管理理念，从减少水利占地的角度考量，有机融合堤防基础设施和其他行业土地利用，增强土地使用的可复合性与兼容性，开展堤防的多功能融合设计、堤防型式创新、堤防管理政策突破等方面研究，以期为新形势下的堤防建设、已建堤防改造和堤防管理提供参考。

（5）开展河流特定生态需水保障对象及其生态需水特征研究，为有特定保障对象的河流生态需水保障提供技术依据。

参考文献

［1］　KOREL B, WEDDE H, FERGUSON R. Automated test data generation for distributed software ［P］. Computer software and applications conference, 1991. COMPSAC '91. Proceedings of the fifteenth annual international, 1991. 9.

［2］　LEWIN J, BREWER P A. Predicting channel patterns ［J］. Geomorphology, 2001, 40： 329 – 339.

［3］　VANONI A Vito. Sedimentation engineering ［M］. New York： American society of civil engineers, 1975： 745.

［4］　王愈. 山区河流卵石推移质强冲刷输移特性试验研究 ［D］. 武汉：长江科学院, 2009.

［5］　许炯心. 砂质河床与砾石河床的河型判别研究 ［J］. 水利学报, 2002（10）：14 – 20.

［6］　谢鉴衡. 河床演变及整治 ［M］. 2 版. 北京：中国水利水电出版社, 1997：322.

［7］　WANG Z Y, MELCHING C S, DUAN X H, et al. Ecological and hydraulic studies of step – pool system ［J］. Journal of Hydraulic Engineering, ASCE, 2008, 130（7）： 792 – 800.

［8］　CHURCH M, HASSAN M A, WOLCOTT J F. Stabilizing self – organized structures in gravel – bed stream channels： field and experimental observations ［J］. Water Resources Research. 1998, 34 （11）： 3169 – 3179.

［9］　MARWAN A H, MICHAEL C. Special issue： drainage basin dynamics ［J］. Geomorphology, 2002, 45（1）：1 – 2.

［10］　OLDMEADOW D F, CHURCH M. A field experiment on streambed stabilization by gravel structures ［J］. Geomorphology, 2006, 78（3）： 335 – 350.

[11]   WITTENBERG L, LARONNE J B, NEWSON M D. Bed clusters in humid perennial and Mediterranean ephemeral gravel – bed streams: The effect of clast size and bed material sorting [J]. Journal of Hydrology, 2007, 334: 312 – 318.

[12]   LARONNE J B, CARSON M A. Interrelationships between bed morphology and bed – material transport for a small, gravel – bed channel [J]. Sedimentology, 1976, 23: 67 – 85.

[13]   ERGENZINGER P. River bed adjustment in a step – pool system in Lainbach, upper Bavaria [C] // Thorne C R, Bathurst J C, Hey R D. Sediment Transport in Gravel – bed Rivers. New York: John Wiley, 1995: 415 – 430.

[14]   BIGGS B J F, MAURICE J D, STEVEN N F, et al. Physical characterization of microform bed cluster refugia in 12 headwater streams, New Zealand [J]. New Zealand Journal of Marine and Freshwater Research, 1997, 31: 413 – 422.

[15]   BUFFINGTON J M, MONTGOMERY D R. Effects of hydraulic roughness on surface textures of gravel – bed rivers [J]. Water Resources Research, 1999, 35 (11): 3507 – 3521.

[16]   余国安. 河床结构对推移质运动及下切河流影响的试验研究 [D]. 北京: 清华大学, 2009.

[17]   LEOPOLD L B, WOLMAN M G. River channel patterns: braided, meandering and straight [R]. Reston VA: US Geological Survey Professional Paper, 1957: 39 – 85.

[18]   RUST B R. A classification of alluvial channel systems [M] // Miall A D. Fluvial Sedimentology Calgary. Canada: Canadian Society of Petroleum Geologists, 1977: 187 – 198.

[19]   DRURY G H. Relation on morphology to runoff frequency [A]. In: Chorley R J, Ed. Water Soil and Man, Methuen, London. 1969: 418 – 430.

[20]   BRICE J C. Planform properties of meandering river [R]. New Orleans: Rivers "83 Conference", ASCE, 1983:1 – 15.

[21]   钱宁. 关于河流分类及成因问题的讨论 [J]. 地理学报, 1985, 40 (1): 1 – 10.

[22]   SCHUMM S A. The fluvial system [M]. New York: John Wiley&Sons, 1977.

[23]   SCHUMM S A, HARVEYMD, WATSON C C. Incised channels: morphology, dynamics and control [M]. Littleton: Water Resources Publications, 1984.

[24]   SIMONAA. Model of channel response in distributed alluvial channels [J]. Earth Surface Processes and Landforms, 1989 (14): 11 – 26.

［25］ DAVIS W M. The geographical cycle［J］. Geogr J, 1899, 14: 481-504.

［26］ WOOLFE K J, Balzary J R. Fields in the spectrum of channel style［J］. Sedimentology, 1996, 43: 797-805.

［27］ GLLOWAY W E. Catahoula Formation of the Texas Coastal Plain: depositional systems composition, structural development, groundwater flow, history, and uranium distribution［C］. The University of Texas at Austin, Bureau of Economic Geology, Report of Investigations No. 87, 1977: 59.

［28］ MONTGOMERY D R, BUFFINGTON J M. Channel reach morphology in mountain drainage basins［J］. Geological Society of America Bulletin, 1997, 109: 596-611.

［29］ 王随继, 任明达. 根据河道形态和沉积物特征的河流新分类［J］. 沉积学报, 1999, 17(2): 240-246.

［30］ ROSGEN D L. Classification of natural rivers［J］. Catena, 1994, 22: 169-199.

［31］ 冯利华. 浙江省河流分类的初步研究［J］. 浙江水利科技, 1992(2): 7-10.

［32］ BUNN S E, ARTHINGTONA H. Basic principles and ecological consequences of altered flow regimes for aquatic biodiversity［J］. Environmental Management, 2002, 30: 492-507.

［33］ POFF N L, ALLAN J D, BAIN M B, et al. The natural flow regime: a new paradigm for riverine conservation and restoration［J］. Bio Science, 1997, 47: 769-784.

［34］ VANNOTE R L, MINSHALLG W, CUMMINS KW, et al. The river continuum concept［J］. Canadian Journal of Fisheries and Aquatic Sciences, 1980, 37: 130-137.

［35］ ABELL R A, OLSONDM, DINERSTEINE, et al. Freshwater ecoregions of North America: a conservation assessment［M］. Washington DC: Island Press, 2000.

［36］ BERMAN C B. Assessment of landscape characterization and classification methods［R］. Washington D C: the USDA Forest Service, 2002.

［37］ 陈茂山, 王建平, 乔根平. 关于"幸福河"内涵及评价指标体系的认识与思考［J］. 水利发展研究, 2020, 20(1): 3-5.

［38］ 左其亭, 郝明辉, 姜龙, 等. 幸福河评价体系及其应用［J］. 水科学进展, 2021, 32(1): 45-58.

［39］ 幸福河研究课题组. 幸福河内涵要义及指标体系探析［J］. 中国水利, 2020(23): 1-4.

［40］ 张民强, 胡敏杰, 董良, 等. 浙江省河湖幸福指数评估指标体系与评估方法探讨［J］. 浙江水利科技, 2021, 49(4): 1-3, 8.

［41］ 韩宇平, 夏帆. 基于需求层次论的幸福河评价［J］. 南水北调与水利科技

（中英文），2020, 18（4）: 1-7, 38.

[42] 贡力，田洁，靳春玲，等.基于 ERG 需求模型的幸福河综合评价 [J].水资源保护，2022, 38（3）: 25-33.

[43] 陈敏芬，马骏，钱学诚.杭州幸福河湖评价指标体系构建 [J].中国水利，2022（2）: 40-42.

[44] WHITTAKER J G, JAEGGI N R. Origin of step-pool system in mountain streams [J].Journal of Hydraulic Division, ASCE, 1982, 108（6）: 758-773.

[45] CHIN A. The morphologic structure of step-pools in mountain streams [J].Geomorphology, 1999, 27: 191-204.

[46] 王兆印，程东升，何易平，等.西南山区河流阶梯-深潭系列的生态学研究 [J].地球科学进展，2006, 21（4）: 409-416.

[47] 徐江，王兆印.阶梯-深潭的形成及作用机理 [J].水利学报，2004（10）: 48-55.

[48] 余国安.河床结构对推移质运动及下切河流影响的试验研究 [D].北京：清华大学，2008.

[49] 张康，王兆印，贾艳红，等.应用人工阶梯-深潭系统治理泥石流沟的尝试 [J].长江流域资源与环境，2012, 21（4）: 501-505.

[50] 张康，王兆印，余国安，等.城市泥石流沟的治理启示 以深沟为例 [J].地球科学进展，2011, 26（12）: 1269-1275.

[51] CHARTRAND S M, JELLINEL M, WHITING P J, et al. Geometric scaling of step-pools in mountain streams: observations and implications [J].Geomorphology, 2011, 129: 141-151.

[52] ABRAHAMS A D, LI G, ATKINSON J F. Step-pool stream: adjustment to maximum flow resistance [J].Water Resources Research, 1995, 31（10）: 2593-2602.

[53] CHARTRAND S M, WHITING P J. Alluvial architecture in headwater streams with special emphasis on step-pool topography [J].Earth Surface Processes and Landforms, 2000, 25: 583-600.

[54] JUDD H E. A study of bed characteristics in relation to flow in rough, high-gradient natural channels [D].Logan: Utah State University, 1964.

[55] NICKOLOTSKY A, PAVLOWSKY R T. Morphology of step-pools in a wilderness headwater stream: the importance of standardizing geomorphic measurements [J].Geomorphology, 2007, 83（3/4）: 294-306.

[56] GRANT G, SWANSON F J, WOLMAN M G. Pattern and origin of stepped-bed morphology in high-gradient streams, Western Cascades, Oregon [J].Geological Society American Bulletin, 1990, 102（3）: 340-352.

[57] MONTGOMERY D R, BUFFINGTON J M. Channel-reach morphology in

mountain drainage basins [J]. Geological Society of America Bulletin, 1997, 109 (5): 596 – 611.

[58] CHIN A, WOHL E. Toward a theory for step – pools in stream channels [J]. Progress in Physical Geography, 2005, 29 (3): 275 – 296.

[59] MONTGOMERY D R, BUFFINGTON J M, SMITH R D, et al. Pool spacing in forest channels [J]. Water Resources Research, 1995, 31 (4): 1097 – 1105.

[60] GRANT G E, MIZUYAMA T. Origin of step – pool sequences in high gradient streams: a flume experiment [R] // Tominaga M. Proceedings Japan – US Workshop on Snow Avalanche, Landslide, and Debris Flow Prediction and Control. Tsukuba, Japan Science and Technology Agency, 1991: 523 – 532.

[61] CHARTRAND S M, WHITING P J. Alluvial architecture in head – water streams with special emphasis on step – pool topography [J]. Earth Surface Processes and Landforms, 2000, 25 (6): 583 – 600.

[62] WANG Z Y, XU J, LI C Z. Development of step – pool sequence and its effects in resistance and stream bed stability [J]. International Journal of Sediment Research, 2004, 19 (5): 161 – 171.

[63] ZIMMERMANN A, CHURCH M. Channel morphology, gradient stresses and bed profiles during flood in a step – pool channel [J]. Geomorphology, 2001, 40: 311 – 327.

[64] CURRAN J C, WILCOCK P. Characteristic dimensions of the step – pool configuration: an experimental study [J]. Water Resources Research, 2005, 41.

[65] WHITTAKER J G, JAEGGI N R. Origin of step – pool system in mountain streams [J]. Journal of Hydraulic Division, 1982, 108 (HY6): 758 – 773.

[66] ASHIDA K, EGASHIRA, S, KAMEZAKI N. Mechanics of sediment transportation in the production and destruction processes of step – pool morphology [J]. Disaster Prevention Research Institute Annuals, 1987, 20 (2): 493 – 506.

[67] DAVIES T, SUTHERLAND A J. Extremal hypotheses for river behavior [J]. Water Resources Research, 1983, 19: 141 – 148.

[68] ABRAHAMS A D, LI G, ATKINSON J F. Step – pool stream: adjustment to maximum flow resistance [J]. Water Resources Research, 1995, 31 (10): 2593 – 2602.

[69] WOHL E E, THOMPSON D M. Velocity fluctuations along a small step – pool channel [J]. Earth Surface Processes and Landforms, 2000, 25 (4): 353 – 367.

[70] WILCOX A C, WOHL E E. Field measurements of three – dimensional hy-

draulics in a step – pool channel [J]. Geomorphology, 2007, 83 (3 – 4):
215 – 231.

[71]   YU G A, WANG Z Y, ZHANG K, et al. Restoration of an incised mountain
stream using artificial step – pool system [J]. Journal of Hydraulic
Research, 2010, 48 (2): 178 – 187.

[72]   WILCOX A, NELSON J M, WOHL E E. Flow resistance dynamics in step –
pool channels: 2. Partitioning between grain, spill, and woody debris resist-
ance [J]. Water Resources Research, 2006(42): W05419.

[73]   WHITTAKER J G. Sediment transport in step – pool streams [C] //Thorne
C R, Bathurst J C, Hey R D. Sediment Transport in Gravel – Bed Rivers. Ch-
ichester: John Wiley, 1987: 545 – 579.

[74]   CURRAN J H, WOHL E E. Large woody debris and flow resistance in step –
pool channels, Cascade Range, Washington [J]. Geomorphology, 2003, 51
(1 – 3): 141 – 157.

[75]   WANG Z Y, MELCHING C S, DUAN X H, et al. Ecological and hydraulic
studies of step – pool system [J]. Journal of Hydraulic Engineering, ASCE,
2009, 35 (9): 705 – 717.

[76]   HEEDE B H. Dynamics of selected mountain streams in the western United States
of America [J]. Zeitschrift f ü r Geomorphologie, 1981, 25 (1): 17 – 32.

[77]   MARSTON R A. The geomorphic significance of log steps in forest streams [J].
Association of American Geographers Annals, 1982, 72 (1): 99 – 108.

[78]   ROSPORT M, DITTRICH A. Step pool formation and stability – a flume
study [R]. Proceedings of the 6th International Symposium on River Sedi-
mentation, 1995: 525 – 533.

[79]   LAMARRE H, ROY A G. The role of morphology on the displacement of
particles in a steppool river system [J]. Geomorphology, 2008, 99 (1 – 4):
270 – 279.

[80]   CEREGHINO R, GIRAYDEL J L, COMPIN A. Spatial analysis of stream
invertebrates distribution in the Adour – Garonne drainage basin (France),
using Kohonen self organizing maps [J]. Ecological Modelling, 2001, 146
(1 – 3): 167 – 180.

[81]   DUAN Xuehua, WANG Zhaoyin, XU Mengzhen, et al. Effect of streambed
sediment on benthic ecology [J]. International Journal of Sediment Re-
search, 2009, 24 (3): 325 – 338.

[82]   YU Guoan, HUANG Heqing, WANG Zhaoyin, et al. Rehabilitation of a debris –
flow prone mountain stream in southwestern China – Strategies, effects and impli-
cations [J]. Journal of Hydrology, 2011, 414 – 415: 231 – 243.

［83］ CEREGHINO R, GIRAYDEL J L, COMPIN A. Spatial analysis of stream invertebrates distribution in the Adour – Garonne drainage basin （France）, using Kohonen self organizing maps ［J］. Ecological Modelling, 2001, 146: 167 – 180.

［84］ COMITI F, MAO L, LENZI M A, et al. Artificial steps to stabilize mountain rivers: a post – project ecological assessment ［J］. River Research and Applications, 2009, 25: 639 – 659.

［85］ LENZI M A. Stream bed stabilization using boulder check dams that mimic step – pool morphology features in northern Italy ［J］. Geomorphology, 2002, 45: 243 – 260.

［86］ WANG Zhaoyin, LEE Joseph H W, MELCHING Charles S. River dynamics and integrated river management ［M］. Beijing: Tsinghua University Publiching, 2012.

［87］ SINDELAR C, KNOBLAUCH H. Design of a meandering ramp located at the river "Groβe Tulln" ［R］//Dittirich A, Koll K, Aberle J, et al. River Flow 2010, German, Karlsruhe: Bundesanstalt fur Wasserbau （BAW）, 2010: 1239 – 1246.

［88］ WANG Z Y, MELCHING C S, DUAN X H, et al. Ecological and hydraulic studies of step – pool system ［J］. Journal of Hydraulic Engineering, ASCE, 2009, 135(9): 705 – 717.

［89］ 余国安, 王兆印, 张康, 等. 应用人工阶梯-深潭治理下切河流 吊嘎河的尝试 ［J］. 水力发电学报, 2008, 27（1）: 85 – 89.

［90］ 王兆印, 漆力健, 王旭昭. 消能结构防治泥沙研究: 以文家沟为例 ［J］. 水利学报, 2012, 43（3）: 253 – 263.

［91］ 曹叔尤, 刘兴年, 黄尔, 等. 汶川地震灾区河道修复重建研究综述 ［J］. 四川大学学报（工程科学版）,2010, 42（5）: 1 – 9.

［92］ MORRIS S E. Geomorphic aspects of stream – channel restoration ［J］. Physical Geography, 1995, 16（5）: 444 – 459.

［93］ 侯文杰, 张岩. 植物护岸工程的设计与施工 ［J］. 水土保持科技情报, 1996（2）: 58.

［94］ 陈海波. 网格反滤生物组合护坡技术在引滦入唐工程中的应用 ［J］. 中国农村水利水电, 2001, 8: 47 – 48.

［95］ 胡海泓. 生态型护岸及其应用前景 ［J］. 广西水利水电, 1999（4）: 57 – 59.

［96］ 万勇. 生态型护岸在观澜河治理工程中的应用 ［J］. 中国农村水利水电, 2015（11）: 89 – 90.

［97］ 王新军, 罗继润. 城市河道综合整治中生态护岸建设初探 ［J］. 复旦学报, 2006, 45（1）: 120 – 126.

［98］ 夏继红，严忠民.国内外城市河道生态型护岸研究现状及发展趋势［J］.中国水土保持，2004（3）：20.

［99］ 关春曼，张桂荣，程大鹏，等.中小河流生态护岸技术发展趋势与热点问题［J］.水利水运工程学报，2014（4）：75－81.

［100］ 荣云杰，刘经强，徐树宝.水利工程中生态护岸型式的研究［J］.山东农业大学学报，2017，48（4）：549－552.

［101］ 王广莹.岸坡"植物桩＋散粒块石"河岸护坡体稳定性数值模拟研究［D］.重庆：重庆交通大学，2017.

［102］ 陈大伟.岸坡"植物桩＋散粒块石"防护堤工作性状试验研究［D］.重庆：重庆交通大学，2017.

［103］ 邢浩瀚，周林飞，张静.基于鱼类对孔隙选择性试验的多孔型生态护岸块体设计［J］.中国农村水利水电，2017（9）：141－146.

［104］ 李奎鹏，傅大放，尹万云，等.多孔混凝土板改造直立硬质护岸的水质效果［J］.中国给水排水，2016，32（19）：103－107.

［105］ 张大茹.基于 Mike21FM 的山区小流域涉水工程防洪影响研究［D］.北京：中国水利水电科学研究院，2015.

［106］ 常倩.齿型堰与 Z 型堰水流特性实验研究［D］.泰安：山东农业大学，2017.

［107］ 姜雪.多级橡胶坝联合调度泄流特性研究［D］.太原：太原理工大学，2015.

［108］ 吴国君，刘晓平，方森松，等.低实用堰水力特性及其对工程的影响［J］.长江科学院院报，2011，28（9）：21－24.

［109］ 刘晓平，扈世龙，任启明，等.低水头折线型实用堰泥沙淤积影响研究［J］.水利水电技术，2015，46（3）：136－140.

［110］ CHEN Z, SHAO X, ZHANG J. Experimental study on the upstream water level rise and downstream scour length of a submerged dan［J］. Journal of Hydraulic Research, 2005, 43（6）：703－709.

［111］ GUAN D, MELVILLE B, FRIEDRICH H. Flow patterns and turbulence structures in a scour hole downstream of a submerged weir［J］. Journal of Hydraulic Engineering, 2014, 140（1）：68－76.

［112］ 管大为，严以新，郑金海，等.矮堰基础冲刷研究进展［J］.水科学进展，2017，28（2）：311－318.

［113］ 杨培思.竖缝式鱼道水力特性研究［D］.南宁：广西大学，2017.

［114］ 边永欢.竖缝式鱼道若干水力学问题研究［D］.北京：中国水利水电科学研究院，2015.

［115］ 史斌，王斌，徐岗，等.浙江楠溪江拦河闸鱼道进口布置优化研究［J］.人民长江，2011，42（1）：69－71，89.

[116] 陈大宏，陈娓．溢流堰水流的三维模拟［J］．武汉大学学报（工学版），2005（5）：56-58，64．

[117] MOHAMMADPOU P R, GHANI A A, AZAMATHULLA H M. Numerical modeling of 3D flow on porous broad crested weirs［J］. Applied Mathematical Modelling, 2013, 37（22）: 9324-9337.

[118] KARIM O A, ALI K H M. Prediction of flow patterns in local scour holes caused by turbulent water jets［J］. Journal of Hydraulic Research, 2000, 38（4）: 279-287.

[119] JIA Y, KITAMURA T, WANG S. Simulation of scour process in plunging pool of loose bed - material［J］. Journal of Hydraulic Engineering, 2001, 127（3）: 219-229.

[120] JIA Y, SCOTT S, XU Y, et al. Three - dimensional numerical simulation and analysis of flows around a submerged weir in a channel bendway［J］. Journal of Hydraulic Engineering, 2005, 131（8）: 682-693.

[121] ADDUCE C, SCIORTINO G. Scour due to a horizontal turbulent jet: numerical and experimental investigation［J］. Journal of Hydraulic Research, 2006, 44（5）: 663-673.

[122] 杨龙．基于生态水利工程的河道规划设计初步研究［D］．西安：长安大学，2015．

[123] 宋睿，刘素彦．一种兼具亲水作用的景观堰坝［P］．浙江：CN206800334U，2017-12-26．

[124] MOHAMED H I. Flow over gabion weirs［J］. Journal of Irrigation and Drainage Engineering, 2010, 136（8）: 573-577.

[125] LEU J M, CHAN H C, CHU M S. Comparison of turbulent flow over solid and porous structures mounted on the bottom of a rectangular channel［J］. Flow Measurement and Instrumentation, 2008, 19: 331-337.

[126] SHEAIL J. Constraints on water - resources development in England and Wales concept and management of compensation flows［J］. Environ Manager, 1984（19）: 351-361.

[127] SHEAIL J. Historical development of setting compensation flows, in Gustard［A］//COLE A G, MARSHALL D, BAYLISS. A study of compensation flows in the UK. Institute of Hydrology Wallingford, 1984.

[128] GEOFFREY E. Petts water allocation to protect river ecosystems［J］. River Research and Applications, 1996, 1（12）: 353-365.

[129] GLEICK P H. Water in Crisis - a guide to the world's fresh water resources［M］. New York: New York Oxford University Press, 1993: 40-45.

[130] GLEICK P H. Water in Crisis: Path to sustainable water use［J］. Ecologi-

cal Applications, 1998, 8（3）: 571－579.

[131] 张代青, 高军省.河道内生态环境需水量计算方法的研究现状及其改进探讨 [J].水资源与水工程学报, 2006, 17（4）: 68－73.

[132] TENNANT D L. lnstream flow regimes for fish，wildlife, recreation and related environmental resources [J].Fisheries, 1976, 1（4）: 6－10.

[133] MATTHEWS R C, BAO Y. The Texas method of preliminary instream flow determination [J]. Rivers, 1991, 2（4）: 295－310.

[134] MOSELY M P. The effect of changing discharge on channel morphology and instream uses in a braided river, Ohau River, New Zealand [J]. Water Resources Research, 1982, 18（4）: 800－812.

[135] BOVEE K D. A guide to stream habitat analyses using the instream flow incremental methodology [C] // Instream flow information paper No.12, FWS/OBS－82/26, Cooperative Instream Flow Croup. US Fish and Wildlife Service, Office of Biological Services, 1982.

[136] THARME R E. A global perspective on environmental flow assessment: emerging trends in the development and application of environmental flow methodologies for rivers [J]. River Research and Applications, 2003（19）: 397－441.

[137] ORTH D J, LEONARDP M. Comparison of discharge methods and habitat optimization for recommending instream flows to protect fish habitat [J]. Regulated Rivers: Research & Management, 1988（5）: 129－138.

[138] BOVEE K D, LAMB B L, BARTHOLOW J M, et al. Stream habitat analysis using the instream flow incremental methodology [R]. U S Geological Survey, Biological Resources Division Information and Technology Report USGS/BRD, 1998.

[139] 陈昂, 隋欣, 廖文根, 等.我国河流生态基流理论研究回顾 [J].中国水利水电科学研究院学报, 2016, 14（6）: 401－411.

[140] 国务院环境保护委员会.关于防治水污染技术政策的规定 [S].北京: 中国标准出版社, 1986.

[141] 汤奇成.塔里木盆地水资源与绿洲建设 [J].自然资源, 1989, 11（6）: 28－34.

[142] 方子云.环境水利学导论 [M].北京: 中国环境科学出版社, 1994.

[143] 刘昌明, 何希吾.中国 21 世纪水问题方略 [M].北京: 科学出版社, 1998.

[144] 倪晋仁, 崔树彬, 李天宏, 等.论河流生态环境需水 [J].水利学报, 2002（9）: 14－19, 26.

[145] 粟晓玲, 康绍忠.生态需水的概念及其计算方法 [J].水科学进展, 2003,

14（6）：740-744.

[146] 李嘉，王玉蓉，李克锋，等.计算河段最小生态需水的生态水力学法［J］.水利学报，2006，37（10）：1169-1174.

[147] 郝增超，尚松浩.基于栖息地模拟的河道生态需水量多目标评价方法及其应用［J］.水利学报，2008，39（5）：557-561.

[148] 赵长森，刘昌明，夏军，等.闸坝河流河道内生态需水研究——以淮河为例［J］.自然资源学报，2008，23（5）：557-561.

[149] 李建，夏自强.基于物理栖息地模拟的长江中游生态流量研究［J］.水利学报，2011，42（6）：678-684.

[150] 戴向前，黄晓丽，柳长顺，等.潮白河生态流量估算及恢复保障措施［J］.南水北调与水利科技，2012，10（1）：72-76.

[151] 潘扎荣，阮晓红，徐静.河道基本生态需水的年内展布计算法［J］.水利学报，2013，44（1）：119-126.

[152] 赵然杭，彭彀，王好芳，等.基于改进年内展布计算法的河道内基本生态需水量研究［J］.南水北调与水利科技，2018，16（4）：114-119.

[153] 王秀英，白音包力皋，许凤冉.基于水生态保护目标的河道内生态需水量研究［J］.水利水电技术，2016，47（2）：63-68，72.

[154] 姜付仁，向立云，刘树坤.美国防洪政策演变［J］.自然灾害学报，2000，9（3）：38-45.

[155] 姜彤，王润.德国洪水管理战略指南评述［J］.人民长江，2000，31（3）：45-47.

[156] 胡波，王钊.日本的防洪管理［J］.中国农村水利水电，2005（4）：12-13.

[157] F克里金，J迪吉克曼.荷兰改变防洪策略［J］.水利水电快报，2000，21（1）：26-27.

[158] 中国洪水管理战略研究项目组.中国洪水管理战略框架和行动计划［J］.中国水利，2006（23）：17-23.

[159] 何少斌，徐少军.控制洪水与洪水管理的思考［J］.中国水利，2008（15）：14-15.

[160] 程晓陶.三论有中国特色的洪水风险管理：风险分担利益共享双向调控把握适度［J］.水利发展研究，2003（9）：8-12.

[161] 程晓陶.关于洪水管理基本理念的探讨［J］.中国水利水电科学研究院学报，2004，2（1）：36-43.

[162] 程晓陶.二论有中国特色的洪水风险管理：探求人与自然良性互动的治水模式［J］.海河水利，2002（4）：1-6.

[163] 向立云.洪水风险评价指标研究［J］.水利发展研究，2004（8）：25-29.

[164] 向立云.洪水管理的约束分析［J］.水利发展研究，2004（6）：22-26.

[165] 李胜华，罗欢，吴琼，等.珠江河口水生态空间管控研究意义及研究进展

［J］. 华北水利水电大学学报（自然科学版），2018（4）：56－60.

［166］ 王晓红，孙翀，李宗礼. 贵阳市南明河流域水生态空间管控对策研究［J］. 水利规划与设计，2017（11）：72－74.

［167］ 陆志华，钱旭，马农乐，等. 生态文明理念下的水生态空间管控要求：以福建省光泽县为例［J］. 水利经济，2018，36（4）：63－67.

［168］ 杨晴，王晓红，张建永，等. 水生态空间管控规划的探索［J］. 中国水利，2017（3）：6－9.

［169］ 王乙震，郭书英，崔文彦. 基于水功能区划的河湖健康内涵与评估原则［J］. 水资源保护，2016，32（6）：136－141.

［170］ 尹鑫，沙海飞，张海滨，等. 基于分区分类功能的江苏省河湖空间管控框架［J］. 水资源保护，2020，36（6）：86－92.

［171］ 质量监督国家检验检疫总局. GB/T 17775—2003 旅游区（点）质量等级的划分与评定［S］. 北京：中国标准出版社，2003.

［172］ 赵银军，丁爱中. 河流地貌多样性内涵、分类及其主要修复内容［J］. 水电能源科学，2014（3）：167－170.

［173］ 王兆印，田世民，易雨君. 论河流治理的方向［J］. 中国水利，2008，13：1－3.

［174］ 董哲仁，孙东亚，赵进勇，等. 河流生态系统结构功能整体性概念模型［J］. 水科学进展，2010，21（4）：550－559.

［175］ 戈峰. 现代生态学［M］. 北京：科学出版社，2002.

［176］ 石瑞花，许士国，河流生物栖息地调查及评估方法［J］. 应用生态学报，2008，19（9）：2081－2086.

［177］ SEAR D A, NEWSON M D, COLIN R T. R&D Guidebook of Applied Fluvial Geomorphology［R］. London: Department for Environment, Food and Rural Affairs, 2003.

［178］ 门宝辉，林春坤，李智飞，等. 永定河官厅山峡河道内最小生态需水量的历时曲线法［J］. 南水北调与水利科技，2012，10（2）：52－56.

［179］ 杨志峰，崔保山，刘静玲. 生态环境需水量评估方法与例证［J］. 中国科学D辑地球科学，2004，34（11）：1072－1082.